西北油菜
测土配方施肥技术

全国农业技术推广服务中心　组织编写

中国农业出版社

图书在版编目（CIP）数据

西北油菜测土配方施肥技术/全国农业技术推广服务中心组织编写．—北京：中国农业出版社，2009.12
（测土配方施肥技术丛书）
ISBN 978-7-109-14239-8

Ⅰ．西…　Ⅱ．全…　Ⅲ．①油菜－土壤肥力－测定法②油菜－施肥－配方　Ⅳ．S634.306

中国版本图书馆 CIP 数据核字（2009）第 221808 号

中国农业出版社出版
（北京市朝阳区农展馆北路 2 号）
（邮政编码 100125）
责任编辑　贺志清

北京通州皇家印刷厂印刷　　新华书店北京发行所发行
2011 年 1 月第 1 版　　2011 年 1 月北京第 1 次印刷

开本：787mm×1092mm　1/32　　印张：4.25　　插页：1
字数：87 千字　　印数：1～3 000 册
定价：12.00 元

《测土配方施肥技术丛书》编委会

本书编写人员

主　　编： 顿志恒

副 主 编： 张东霞　董凤英　张永明

编写人员： 林　英　王惠兰　独　瑜　罗守礼
郭世乾　张增艺　兰　军　司宗信
顿志恒　张东霞　董凤英　张永明

前　言

2005年，国家启动实施了测土配方施肥补贴项目。六年来，中央财政累计投资49.5亿元，在全国2 498个项目县（单位、场）启动实施测土配方施肥项目。至2009年，全国测土配方施肥技术实施面积11亿亩以上。测土配方施肥已成为国家支持力度最大、覆盖面最广、参与单位最多的支农惠民行动。全国测土配方施肥项目坚持"试点启动、稳步扩展、全面普及"的发展思路，测土配方施肥技术由外延扩展到内涵提升，突出技术进村入户、配方肥推广到田，保证了项目顺利实施，取得了显著的经济、社会和生态效益。

从科学施肥技术层面上看，测土配方施肥包括测土、配方、配肥、供肥、施肥指导五个环节，包括野外调查、采样测试、田间试验、配方设计、校正实验、配肥加工、示范推广、宣传培训、数据库建设、效果评价和技术研发十一项工作，工作环节多，技术要求高，协作部门广，各级农业部门按照“统筹规划，分级负责，分步实施，整体推进”的原则，狠抓技术规范落实，建立推进工作机制，积极探索推广模式，稳步扩大应用面积。

从技术开发服务层面上看，测土配方施肥注重结合优势作物种植布局，围绕作物品种特性，从粮油大宗作物不断扩展到棉麻糖等经济作物，有的还拓展到果蔬茶花等园艺作物。测土配方施肥已成为全国粮棉油糖高产创建的主要技术手段，也已成为全国标准园田建设的核心技术措施，为我国的粮食安全和农产品有效供给奠定了坚实的技术基础。

为了深化测土配方施肥技术，提高科学施肥技术的到位率，从项目启动实施开始，全国农业技术推广服务中心即在注重耕地土壤肥力和肥料养分配比的基础上，围绕不同农作物的生育特性和需肥规律，开展了大量的肥效田间试验和示范，探索出了适合当前生产水平的农作物施肥技术，形成了小麦、水稻、玉米、大豆、棉花、油菜、花生等粮棉油糖农作物和蔬菜、水果、茶叶等经济作物的科学施肥技术模式，并组织全国30多个省级土肥站富有实践经验的专家及技术骨干编写了《测土配方施肥技术丛书》（以下简称《丛书》）。

《丛书》充分运用了最新的测土配方施肥技术成果，以农作物品种为主线，以作物生育期营养需求和不同区域土壤供肥规律为基础，形成不同农作物的施肥建议。

《丛书》共有20册，涉及小麦、水稻、玉米、大豆、棉花、油菜、花生、蔬菜、果树、马铃薯、烟草等作物。《丛书》介绍了不同作物的区域布局、作物营养特征、作物需肥特性、测土配方施肥方法，以及不同栽培条件下，不同肥料品种的施用时期、数量、方法等。特别是书后附有作物缺素症状图片，并在文中对相对敏感的营养元素的缺素症状进行了直观的描述，是对测土配方施肥技术的一个很好的补充和完善。

《丛书》突破了以往就肥料论肥料、就营养论营养的专业性施肥指导模式，立足在特定区域（土壤）围绕农作物品种研究科学、合理施肥，具有较强的针对性、专一性和可操作性，是基层农技人员进行科学施肥的必备参考书，也是种植大户和广大农民朋友掌握测土配方施肥技术的良好读本。

在《丛书》的编写过程中，我们前后两次组织全体编写人员及农业部测土配方施肥技术专家组成员参加审稿会，提出具体编写要求，认真审稿，保证了《丛书》内容的高质量。中国农业出版社对《丛书》的出版付出了辛勤劳动，专此致谢。

尽管我们谨笔慎墨，疏漏和差错仍在所难免，希望广大读者多提宝贵意见，以臻完善。

编　者

2010年10月

目录

第一章　油菜生产概况

一、油菜生产现状

（一）我国油菜生产现状

油菜是我国主要油料作物之一，历年的种植面积都占全国油料作物总种植面积的 40%以上，产量则占主要食用植物油总产量的 30%以上。我国是白菜类型和芥菜类型油菜的原产地之一，具有悠久的种植历史。早在公元 2 世纪《通俗文》一书中就有油菜栽培的明确记载。据古书记载，我国的青海、新疆、甘肃、内蒙古等地区是最早栽培油菜的地区。以后，在南北朝时期的《齐民要术》及宋朝《图经本草》、元朝《务本新书》、清朝《畊心农话》等一系列古典农业文献中，都较系统地总结了我国油菜的栽培技术经验。

尽管我国种植油菜历史悠久，但快速发展还是在改革开放后的 20 多年。据统计，1949 年全国油菜种植面积 2 272.5万亩，总产菜子 73.8 吨。1981 年油菜收获面积为 5 697.75万亩，菜子总产量达到 406.66 万吨，总产量超过加拿大和印度，居世界首位；1985 年油菜收获面积达到

注：亩为非法定计量单位，为方便农民朋友阅读，本书仍使用亩为面积单位，1 亩=1/15 公顷≈667 米^2。

6 741.75万亩，超过印度的 5 980.35 万亩，成为世界第一油菜种植大国；1998 年面积为 9 790.5 万亩，总产 830 万吨，油菜产量已占我国油料作物产量的 50%以上。随着需求的不断增加和“双低”油菜的大面积推广，2000 年面积扩大到 1.1 亿亩，2001 年我国油菜籽总产量达到 1 132 万吨，平均含油量达到了 38%。目前，我国已是世界第一油菜生产大国，种植面积和产量均占世界 1/4 强，居世界首位。油菜籽压榨出来的菜子油是我国城乡居民最喜食用的传统烹调油，2000 年我国菜子油消费量达到 419 万吨，占我国植物油年消费量的 32.4%，居第一位。菜子油在我国居民消费的食用植物油中所占的比例，远远超过它在油料总产量中的比例。

（二）国际油菜发展现状

除我国外，世界上主产油菜的国家有印度、加拿大、德国、法国、英国、波兰、澳大利亚、捷克等，其中，加拿大、法国、澳大利亚的油菜籽出口在世界油菜籽出口总量中占有非常重要的地位，3 国合计在世界油菜籽出口总量中占据了 83%的份额。

由于国际市场的需要以及价格的刺激，各国油菜种植面积迅速扩大，如澳大利亚 1993 年油菜播种面积只有 159 万亩，目前已扩大到 3 000 多万亩，总产量也曾达 20 亿千克，成为世界油菜的主要生产国和输出国。从总的生产趋势看，20 世纪 50～60 年代，世界油菜的发展主要靠种植面积的不断扩大。60 年代以后，不但种植面积仍在继续扩大，而且由于品种的改良和栽培技术的提高，单产也有了显著的增长。培育和采用高产、优质、抗病、抗逆、适于机械化栽培的新品种，是近年来世界油菜生产大幅度上升的主要增产途径。近年来，美国、加拿大以及欧洲各国农业机械化程度均很高，油菜的播种、耕作、施肥、灌溉、喷药、收割、脱粒、清选、运输、加工及其他一些农活全为机械操作，而且油菜单位施肥量也大大增加，这是进一步发展油菜生产的根本出路。

二、油菜种植区域划分

我国油菜生产分布极为广泛，几乎遍及全国，海拔上限为 4 630 米，按播种季节的不同分为秋播、春播、夏播和春夏复播等。秋播油菜约占全国油菜总面积的 90%，分布在上海、浙江、江苏、安徽、江西、福建、山东、河南、湖北、湖南、广东、广西、云南、贵州等省（自治区、直辖市），以及四川雅安以东，陕西、甘肃、河北、山西、北京南部和辽宁东南部，以长江流域的太湖、鄱阳湖、洞庭湖冲积平原及四周低山丘陵地区最为集中。春播油菜分布在新疆、青海、西藏等省（自治区）和内蒙古阴山和大小兴安岭以北、四川西部、甘肃六盘山和祁连山一带。春夏复播油菜零星分布在冬季温度低，夏季温度较高，热量条件一熟有余二熟不足的中温地带，如青海省东部、河西走廊、陇中、河套平原，山西省西北部的山间盆地、河谷平原的川水地带，辽宁全省，黑龙江省南部以及新疆准噶尔、塔里木盆地四周农区。

按自然条件、栽培制度和生产特点，又可将我国油菜生产划分为长江流域冬油菜区、西北油菜区、东北春油菜区和华南冬油菜区 4 个区域。其中长江流域冬油菜区是最集中的产区，油菜播种面积和总产量均占全国的85%左右，占世界油菜面积和产量的1/4强，高于欧洲和加拿大。

西北地区所辖宁夏、青海、甘肃、新疆、陕西5省（自治区）均有油菜种植，根据油菜生长发育对土壤、水分、温度、光照等主要生态因子的要求，以影响水热分布的地形地貌大体相似，油菜生产历史、现状和生产水平、耕作制度、品种类型相对一致，油菜生产潜力和增产途径趋势相近，保持县界的完整性，适当照顾省（自治区、直辖市）或地区界线的原则，将西北地区油菜种植划分为三大区域：

一是渭北春夏复播兼种区。该区域油菜种植零星分布，仅渭北旱塬面积较大，以二年三熟秋播为主，近年引进青海小油菜作填闲栽培或春麦后复种大面积试验取得成功。秋播油菜品种为抗寒耐旱的白菜型，一般8月下旬播种，6月上旬收获，全生育期270天以上。春播油菜3月上、中旬播种，6月中旬收获，生育期70～90天。该区冬寒春旱，秋播油菜整个生育期间均处在不利气候条件下，加之病虫为害重，保收率低，目前研究力量薄弱，生产上沿用古老品种和栽培技术，但油菜栽培历史悠久，应搞好作物搭配，建立合理的耕作制度，尽快整理鉴定出抗寒、耐旱、抗病毒病品种，推广单作经验，改进栽培技术，防治蚜虫和种蛆，提高保收率和单产。水源好的地方因地制宜地发展春播填闲栽培或夏播油菜。

二是甘宁新春夏复播春播兼种油菜区。主要分布在甘宁、北疆、南疆三大区域。甘肃河西走廊以春播夏收或夏种秋收较多。新疆伊犁河谷西部冬有积雪，秋播油菜占主导地位。本区干旱少雨，蒸发强，湿度小，冬季严寒，春温上升快，夏温较高，目前种植面积较大的是一年一熟制春播油菜，未能充分利用有效温光，应着重研究与粮食作物套种复种的春夏播油菜栽培技术，在提高粮食生产的同时，努力增加食用植物油生产。

三是青藏高原春播油菜区。以青海省东部和甘肃省西南高寒山地最为集中，有的地方甚至形成单种油菜的特区，是我国春播油菜的重要产地。主要种植生长期短的白菜型小油菜，川水浅山地区以生长期长的大油菜为主。甘蓝型品种在许多地方显示出高产优势。本区具有适宜春播油菜生育的气候条件，扩种油菜的潜力大，但交通闭塞，耕地分散，多数地方耕作粗放，生产水平低，应加强技术指导，有计划地积极稳步发展种植面积，研究适应高寒山地特点的油菜合理布局和适宜各种自然条件的油菜品种及栽培技术。

三、油菜分类

油菜属十字花科，芸薹属，越年生或一年生作物。按植物学分类特征、遗传亲缘关系和农艺性状可分为三大类型：

1. 白菜型油菜　该类型又称小油菜或甜油菜。其植株矮小，幼苗生长较快，须根多；基叶椭圆、卵圆或长卵形，叶上举，有多刺毛或少刺毛，被有蜡粉或不被蜡粉，抱茎而生；分枝少或中等，花大小不齐，花瓣两侧相互重叠，自交结实性很低。种子有褐色、黄色或五花色，大小不一；含油量中等，一般在35%～38%，高的达45%以上。该类型生育期短，成熟较早，耐瘠薄，抗病力弱，生产潜力小，稳产性差。该类型还可分为两个种：

（1）北方小油菜　古代文献中称为芸薹，株型矮小，分枝少，茎秆细，基叶不发达，叶椭圆形，有明显琴状缺刻，且多刺毛，薄被蜡粉。主根常膨大，入土较深，抗寒、耐旱、耐瘠。代表品种有耙齿蔓、关油3号等。

（2）南方油白菜　古代文献中称为崧菜，其外形很像普通小白菜，是普通小白菜的一个油用变种。株型中等，分枝性强，茎秆较粗，苗一般半直立或直立。叶片较宽大，色淡，中脉较肥厚，叶全缘或波状，一般不具琴状缺刻。主根不膨大，支根细根较多。一般耐涝、耐瘠、抗病力差。代表品种有泰县油菜、洞口甜油菜等。

2. 芥菜型油菜　该类型通称高油菜、苦油菜、辣油菜或大油菜，原产于我国西部和西北部。植株高大，株型松散，分枝纤细，分枝部位高，分枝多，主根发达。幼苗基部叶片小而窄狭，披针形，有明显的叶柄，叶面皱缩，且具刺毛和蜡粉，叶缘一般呈琴状，并有明显的锯齿。薹茎叶具短叶柄，叶面稍有皱缩。花瓣较小，不重叠，四瓣分离，角果细而短，种子有辣味，呈黄、红、褐色或黑色。含油量低，一般在30%～35%，高的达60%以上，且油分品质较差，不耐藏，生育期较长，产量低，但抗旱、耐瘠性较强。代表品种有牛尾梢、涟水小油菜、新油1号等。

3. 甘蓝型油菜　甘蓝型油菜又称洋油菜，来自欧洲和日本。该类型植株高大或中等，根系发达，茎叶椭圆，不具琴状缺刻，伸长茎叶有明显缺刻，薹茎叶半抱茎着生。叶色似甘蓝，呈蓝绿色，多被蜡粉。花瓣大，黄色，开花时重叠。角果较长，多与果轴垂直着生。种子黑或黑褐色，粒大饱满。种皮表面网纹浅，含油量较高，一般在42%左右，高的达50%以上。抗霜霉病力强，耐寒、耐湿、耐肥，产量高而稳定，增产潜力较大。

四、油菜生产存在的问题

我国油菜产业发展迅速，但存在四大问题不容忽视。

一是技术相对滞后。世界除印度和中国外，早已实现了油菜“双低”优质化。生产的油菜籽芥酸和硫苷含量很低，品质比较稳定。我国油菜生产上推广的“双低”品种中，存在部分品种的芥酸或硫苷含量达不到“双低”标准的现象，加上我国油菜生产处于“双高”（高芥酸、高硫苷）品种—“双低”品种过渡期，“双低”品种与“双高”品种插花种植，生产的油菜籽品质较差。我国油菜籽商品性低于国际优质油菜籽的含油率。育成的“双低”品种中，多数品种的含油率偏低（比欧洲和加拿大品种低3～4 个百分点），硫苷含量依然偏高（比加拿大品种高 10 微摩尔/克左右），油酸含量（62%左右）亟待进一步提高。虽然“双低”油菜品种中的油酸含量已从 23%左右提高到 62%左右，但仍有潜力。

二是产业化程度低。我国“双低”油菜籽的加工利用、产业化发展相对滞后。据统计，我国有植物油脂生产厂1 500多家，年加工能力达 3 200 多万吨，油脂精炼量达1 100万吨。大多数企业年加工能力在 10 万吨以下。能力过剩、规模小、设备陈旧、能耗高、加工工艺与技术落后、油脂加工品质较差、生产的成品等级低，难以有效带动“双低”油菜的开发。多数地区“双低”油菜未能实现单独收购、运输、贮藏和加工。市场上难以见到低芥酸菜子油和低硫苷菜粕，更谈不上参与国际“双低”油菜籽产品市场的竞争。目前虽有少数企业在创建“双低”油菜籽的加工产品品牌，订单生产面积也在不断扩大，但整体而言，我国“双低”油菜产业化发展尚处于起步阶段，与发达国家相比，差距很大。

三是机制不尽完善。加拿大等发达国家在油菜品质改良过程中，生产上从传统品种过渡到“双低”品种的过渡期很短，主要是政府强化了“双低”品种的推广力度，制定“双低”油菜籽的强制性质量标准，达不到“双低”标准的油菜籽不能进入商品市场。同时，大力开发“双低”油菜籽的国际市场，用市场拉动“双低”油菜产业发展。相比之下，我国从传统品种过渡到“双低”品种的过渡期太长，缺少“双低”油菜籽及其产品的强制性国家标准，无法限制非“双低”油菜籽的生产、加工和销售，造成油菜“双低”化的实现过程步履维艰。

四是优惠政策较少。虽然“双低”油菜已被列入15个优势农产品行列，但必须出台相应的扶持政策，在加大科技投入的同时，实行优质优价，鼓励生产、加工者重视“双低”油菜籽的生产、加工，限制传统油菜品种的种植，禁止非“双低”油菜籽及其加工产品进入市场的流通环节。

第二章　油菜生物学特性及生长发育

一、油菜生物学特性

1. 根　油菜的根为直根系，具有主根和侧根。主根由种子的胚根发育而来，垂直向下生长；侧根包括支根和大量细根。一般油菜主根纵向伸展可达 30～50 厘米，最深的可达 1 米以上，上部粗壮膨大，下部细长，呈长圆锥形状。支根和细根多分布在耕作层 30 厘米土层以内，水平扩展为 45 厘米左右。

油菜 3 种类型在根的形态上有一定差异。白菜型和甘蓝型油菜根略有膨大，为肉质根，木质化程度低，根系发达，分布密集，主根入土浅，抗旱、抗倒力弱，称密生根系。芥菜型油菜主根不膨大，木质化程度高，侧根稀，支根少，入土深，抗旱、抗倒力强，一般称疏生根系。

油菜根系在幼苗期生长较慢，开盘以后，主、侧根生长速度逐渐加快，至初花期已超过最大根量的 50%以上，而地上部茎叶的生长仅占 31%。初花后地上部生长加快。油菜根系的发育状况与栽培环境关系密切。土壤结构良好，土层深厚而肥沃，耕作精细，则主根纵向伸长可达 1～2 米，支细根数量增多，分布也加深加宽；在干旱条件下，油菜的主根更会加深，但支细根数量却大大减少。密度过大，根系会由于营养面积变小而发育不良。移栽油菜，主根被折断，不能深扎，侧根较发达，根群集中在耕层30厘米范围内，抗旱、抗倒能力不及直播油菜。

油菜的根系同其他作物一样，有着吸收、固定、输导和贮藏养分的作用。根系贮藏的养分和水分对供给植株春后早发具有重要作用。此外，油菜根系对土壤的作用也甚大，它可以改良土壤的结构性状，增加土壤蓄水量，并通过根系分泌物对土壤微生物活动的有益影响来提高土壤肥力。

2. 茎和分枝 油菜的茎在外部形态上分为主茎和分枝两大部分。主茎由种子胚芽向上发展形成。种子发芽后，子叶以下至根开始产生的一段称幼茎或胚茎，也称根颈，其长短、粗细是衡量苗弱苗壮的形态指标之一。一般密度大，间苗或移栽不及时，幼茎长而细，形成弱苗。播期适时，苗期管理好，根颈粗大，贮藏养分多，生长势强。幼苗时主茎节间短缩不伸长，叶排列紧密而丛生其上；抽薹后，主茎节间才迅速伸长呈直立型并同时长粗，至终花期，茎的伸长基本停止，主茎伸长速度受密度影响，密度大时伸长速度快。主茎的伸长高度依品种而不同，矮小品种约在70厘米以下，高大品种可达200厘米以上，一般品种在150厘米左右。

主茎表面较光滑或着生稀疏刺毛，呈现绿、灰蓝或紫色。在盛花期，主茎木质化程度由下而上逐渐增高，使茎的坚韧性增强。主茎由下往上分为缩茎段（主茎基部，节短而密集，着生长柄叶）、伸长茎段（主茎中部，节较长，着生短柄叶）、薹茎段（主茎上部，节最长，着生无柄叶）。分枝由茎秆叶腋间的腋芽发育形成。分枝上可再生分枝，即二次分枝、三次分枝等。主茎下部的腋芽在越冬前已经形成，但极少成为有效分枝。中部腋芽越冬期可形成，多数能长成有效分枝。上部腋芽在春后形成，均能长成有效分枝。一般主茎下部分枝在抽薹后5～8天出现，以后由下而上依次出现，4～5天内所有分枝相继伸长，初花至盛花伸长最快，终花时达最大长度。下部分枝伸长速度最快、最长，停止伸长最迟；上部分枝伸长速度较慢，停止伸长较早。

根据一次分枝在主茎上的着生分布不同，分为3种分枝类型。一是下生分枝型。油菜缩茎段腋芽发达，分枝出现早，且伸长速度较主茎快或接近，形成分枝较多，株型呈筒形或丛生型，白菜型品种多属此类。二是上生分枝型。其缩茎段及伸长茎段腋芽不能正常发育，下部分枝极少，多集中于上部，株型呈扫帚型，芥菜型品种多属此类。三是中生分枝型。分枝比较均匀地分布在主茎各茎段上，下部分枝长，上部较短，甘蓝型品种多属此类。

油菜主茎和分枝在整个生长发育过程中起着重要作用。一是共同构成植株输导系统，向上输导由根部吸收的水分和矿物质，向下输导由叶部制造的养分。二是支撑叶、花、果，使其扩张分布。同时还有制造和贮藏养分的功能。

3. 叶　油菜的叶分为子叶和真叶两部分。子叶由原种子中两片肥厚的子叶出土后形成，形状可分为心脏形、肾脏形和叉形。

子叶以上的胚芽延伸形成茎，茎上各节着生的叶片为真叶。真叶又分为基生叶和茎生叶（包括分枝）两类。真叶为不完全叶，只具叶片和叶柄（或无柄），叶形复杂，不同类型品种和不同着生部位其形状各异。一般植株下部叶较大，主茎上部和分枝上的叶较小。叶缘有全缘、波状、锯齿、缺刻等。侧裂片不对生而是单个着生的称为琴状缺刻。叶片的色泽有绿（深浅不同）、灰蓝、紫色等。叶片表面有的光滑，有的有茸毛，蜡粉有多有少。

油菜叶片从形态上分 3 种，即长柄叶、短柄叶、无柄叶。

长柄叶也叫缩茎叶，具有明显的叶柄，叶柄基部两边无叶翅，有短圆、椭圆、长椭圆、卵圆和匙形等。中熟甘蓝型品种主茎着生长柄叶 15～17 片，越冬前可长出 13～15 片。

短柄叶的叶柄不明显，叶柄基部两侧有叶翅，有全缘、齿形带状、羽裂状或缺裂状等。着生在植株中部伸长茎上，也叫伸长茎叶。一般中熟甘蓝型品种有 7～8 片短柄叶。

无柄叶的叶片无叶柄，呈鞋形、披针形、剑形。叶身两侧向下方延伸呈耳状，全抱茎或半抱茎，着生在主茎上部薹茎段上，故也叫薹茎叶。一般中熟甘蓝型品种有 6～7 片无柄叶。

长柄叶是感温阶段长出的叶片，通过感温阶段越长，长柄叶数愈多，主茎总叶数也愈多。长柄叶停止出生时，感温阶段已经结束，此时短柄叶、无柄叶已经分化，花芽分化也已开始，短柄叶开始出生。说明短柄叶的出生，可作为花芽分化开始和感温阶段结束的标志。

各组叶片的寿命与生长时的气温、水肥、密度、病虫有关。高温时叶片寿命短，低温时寿命长。据研究，长柄叶寿命自下而上，由短变长，第一片最短，仅 30 天，靠近短柄叶的一二片最长，达 105 天；短柄叶的寿命自下而上变短，最长的 85 天，最短的 55 天；无柄叶的寿命则愈上愈短，长的 60～70 天，短的 50 天左右。总之，从一株油菜来说叶片寿命下部的短，中部的长，上部的又渐变短。长柄叶、短柄叶、无柄叶三组叶片的功能时期和作用不同。长柄叶的主要功能期在越冬前后，至抽薹期全部失去功能，主要作用于根和根颈的生长，但长柄叶对茎、主花序、分枝、花、果和种子有间接影响，因此促进冬前多长叶片有重要意义。短柄叶在苗后期开始活动，至开花中后期结束，是春后（薹花期）的主要功能叶。短柄叶制造的养分主要供给茎、分枝和花序，也供给根和根颈。它下可促根，上可促花。短柄叶的后效主要对籽粒有较大的影响。油菜春发的实质是促进短柄叶的生长，但又不宜过旺，特别是年前生长过旺的田块，要促控结合，做到春发稳长。无柄叶在抽薹后期开始起作用，是始花的主要功能叶。无柄叶作用于茎、枝、角、籽，它对根颈基本没有影响；光合作用的中心，从长柄叶向短柄叶再向无柄叶转移，在油菜开花以后，采取摘老叶的措施，逐步把下部已黄的长柄叶和部分短柄叶去掉，不但对油菜正常生长没有影响，而且有降低田间湿度，减少病害的作用，有利于增产。

根据叶片形态可鉴别不同油菜品种：

（1）甘蓝型油菜　叶片裂片明显呈琴状、羽状缺刻或花叶；叶面光滑，叶绿色、深绿或蓝绿。主茎上、中、下部位叶形不同，缩茎段着生长柄叶，叶形椭圆或匙形，有裂片、锯齿或全缘。伸长茎段叶片为半抱茎而生的短柄叶，叶身大，有叶翅，羽状或琴状缺刻。薹茎段叶片为半抱茎或全抱茎的无柄叶，呈披针形、戟形或长三角形。

（2）白菜型油菜　南方油菜为叶全缘或浅锯齿，叶黄绿，叶面光滑或有茸毛；主茎上、中、下部叶均无明显叶柄。关中小油菜叶片较小，羽状裂片，密被茸毛、色深绿或暗绿。

（3）芥菜型油菜　叶片边缘锯齿细而深，琴状或羽状缺裂，叶片有光泽，光滑或有刺毛，色绿、油绿或紫色。主茎上、中、下部叶均有明显的叶柄。

油菜茎叶颜色，一般表现绿色或紫色，有的叶片变红，主要与细胞内叶绿素的含量和变化有关。油菜叶片变红以后，绿叶面积减少，光合作用降低，使生长发育严重受阻或停滞，对产量影响很大。叶片变红的主要原因是营养失调，也与干旱、低温、渍害、脱肥等影响有关。油菜苗期易干旱，土壤水分供应不足，使油菜生长缓慢，植株矮小，叶色变红或淡红色；油菜冬前水分过多，根系发育严重受阻，吸收作用大大减弱，叶色变为暗红色；冬季骤然降到零下低温，油菜叶便会受冻发红；直播油菜若播量过大，个体生长差，单株营养不良，导致菜油发黄变红。因此，应分析油菜叶片变红的原因，采取相应的补救措施，促其正常生长。叶是油菜的主要同化器官，叶片发育状况、叶面积大小、数目多少以及光合能力的强弱，都极大地影响产量的形成。同时叶也是呼吸作用和蒸腾作用的主要通道。此外，叶片还有吸收能力，所以进行根外追肥有一定的效果。

4. 花和花序 油菜的花为两性完全花。每一朵花由花萼、花冠、雄蕊、雌蕊、蜜腺等组成。花萼 4 枚，蕾期呈绿色，开花后微转黄色，狭长形。花冠由 4 枚花瓣组成，盛开时平展呈十字状，色有黄、浅黄、乳白等颜色。每片花瓣下窄上宽，互相重叠或分离。雄蕊 6 枚，4 长 2 短称为四强雄蕊。四强雄蕊着生于雌蕊子房基部两侧，位置高；两短雄蕊着生于另两侧，位置稍低。每一雄蕊由花丝和花药两部分组成，花丝细长，无色，花药成熟时开裂，释放黄色花粉。雌蕊 1 枚，位于花朵中央，由子房、花柱和柱头组成。柱头半球形，上有许多小突起分泌黏液、生长素等生理活性物质；

花柱圆柱形，与柱头一样呈淡黄色。花谢后花柱和柱头不脱落，膨大形成果喙。子房上位，二心皮组成，由假隔膜隔为二室，胚珠着生于二侧膜胎座上。在雄蕊与子房之间有绿色球形蜜腺 4 个，分泌蜜汁，引诱昆虫采蜜传粉。

油菜的花序为总状无限花序，着生于主茎的花序叫做主花序，着生于分枝的花序叫分枝花序。也可按分枝次序称为一次花序、二次花序等。花序上着生花朵的中央茎秆称为花序轴，在花序轴上着生大量的单花，花序轴长的花朵数也多。

5. 角果　油菜的角果由受精的雌蕊发育而来，花柄形成果柄，子房形成果身，花柱和柱头形成角喙。在角果发育过程中，长度伸长快，粗度增加慢，一般中熟甘蓝型品种，开花后 15～18 天角果已接近成熟时长度，而粗度 25 天左右才能长足，此时每角粒数也已稳定。角果发育的迟早与开花早晚一致，早期开花的角果，处在较低的温度下，角果生长发育较缓慢，后期开花结的角果，随温度的提高发育速度相应加快，所以角果成熟基本一致。

油菜角果形态有细长角果、粗短角果、粗长角果、细短角果等。一般着果密度和着粒密度是短果大于中果、中果大于长果，结籽率是中果大于短果、短果大于长果，千粒重是长角大于中角、中角大于短角，粒壳比是中果大于短果、短果大于长果。不同类型品种角果在果轴上着生的状态有区别。果柄与果轴角度近 90°，称为直生型，一般属于甘蓝型品种。果柄与果轴所成角度为 40°～60°，称斜生型，一般是白菜型品种。果柄与果轴之间角度为 20°～30°，果身基本与果轴平行，称平生型，多属芥菜型品种。角果向下垂挂、果柄与果轴角度大于 90°为垂生型，多属甘蓝品种。

6. 种子 在花芽分化、萼片合拢后不久的一段时间内，雌蕊子房中进行胚珠分化。一般一朵单花子房中分化15～40个胚珠，由受精的胚珠发育成种子。正常情况下平均一个角果有15～20粒种子。种子发育过程大体分为3个阶段：

（1）细胞增殖阶段 受精卵经多次分裂，7～10天出现明显的球体，籽粒内已有半透明的液态内容物。

（2）种胚发育阶段 开花后13天左右胚体变长，开始出现子叶和胚根的分化，胚体略呈心脏形。16天前后子叶分化明显，胚根已达一定的长度。在这一段时间种子干重以较匀速度增加。

（3）种胚充实阶段 子叶和胚根发育明显时，子叶逐渐包围胚根，至25天前后，胚体已基本充满整个胚珠。此段灌浆速度比前段明显加快，种子逐渐趋于饱满，胚乳消失，30天左右种子干重达最大，基本不再增加，成熟前几天粒干重反而稍有下降。

种子干物质的来源主要有3个方面：一是角果皮光合作用的产物，占40%左右；二是植株内贮存的有机物质，占40%左右；三是茎秆和残留叶片光合作用的产物，占20%左右。

油菜种子多为球形或近似球形，表皮具有网状结构，种皮上还留有珠柄脱落遗迹。种子色泽有各种黄色和褐色直至黑色。色泽深浅与成熟度有关，并程度不同地具有辛辣味。

种子大小与品种类型有关，一般芥菜型油菜种子较小，千粒重在1.0～2.0克，甚至在1.0克以下。甘蓝型油菜种子较大，千粒重在2.5～3.5克，甚至在4.0克以上。白菜型品种种子大小变幅较大，一般千粒重3.0～5.0克。

油菜种子含油量一般30%～50%。不同品种类型差异较大，一般甘蓝型品种含油量平均40%左右，白菜型品种平均38%，芥菜型平均为36%左右。同一类型品种之间变幅，以白菜型最大，芥菜型次之，甘蓝型最小。一般白菜型变幅为29%～48%，芥菜型为28%～46%，甘蓝型为35%～44%。种子大小和色泽与含油量的关系是大粒大于中粒、中粒大于小粒，黄色大于褐色、褐色大于黑色。

二、油菜生理特性

目前我国生产上利用的优质油菜品种分两类，一类是应用传统育种技术选育的常规优质油菜品种，另一类是杂种优势与优质相结合的杂交优质油菜品种（组合）。两类品种在生理性状上各有其特点。

下面介绍杂交优质油菜的生理特性。

1. 生长优势 杂交优质油菜从播种到出苗，直到以后的各生育阶段，均表现出明显的生长优势，如子叶肥大、根系发达、根颈粗、光合面积大、茎秆粗壮、植株高大等。

(1) 根系发达，吸收力强 用盆栽法研究甘蓝型油菜自交不亲和系杂种211X华油8号的根系生长情况，测定了根颈粗、单株根鲜重、干重和单株根体积，杂交种分别为2.43厘米、89.1克、12.0克和82.1厘米^3，而华油8号（对照父本品种）分别为2.11厘米、85.2克、11.7克和80.6厘米^3，差异明显，说明杂交油菜的根系发达，根群量大。

杂交油菜根系吸收能力强。据张书芬1994年对杂交油菜和常规油菜在蕾薹期测定伤流强度，结果杂种每株为3.77克/小时，亲本每株为3.13克/小时。

（2）茎组织结构的生长优势 杂交优质油菜茎秆木质部发达，木质化程度高，导管壁厚，每个维管束中导管数多，有利于水分和矿质营养的运输和供应，为旺盛的生长发育提供了物质保证，并增加了抗倒伏能力。

（3）叶片组织结构的生长优势 杂交优质油菜叶片的主脉截面较大，主脉中维管束较多，叶片厚，叶肉细胞层数略多，而维管束之间的距离较短。对波里马不育素（1238A-5）与3个恢复系（6510、5218、恢10）及其杂交组合苗期叶的结构进行了解剖观察，发现杂交油菜叶片具有明显的生长优势。

2. 光合效率高，物质积累多

（1）光合面积大、叶绿素含量高 油菜的光合器官由叶、茎和角果组成。营养生长期以叶片光合为主，生殖生长期以角果为主。据测定，杂交优质油菜华杂2号在苗期、蕾期叶片数、叶面积指数都大于常规种中油821，叶色浓绿，叶绿素含量比常规油菜高。

（2）低消耗，高积累 杂交油菜的叶片和角果具有显著的低能耗、高积累特点。据研究，杂交油菜比常规品种不同生育时期叶片光合生产率高17.1%～18.5%，而不同时期的呼吸强度，除越冬期（12月23日）略高于常规种外，其他时期均低出3.6%～18.5%。

进入开花期之后，光合产物积累的多少，取决于角果表面积的大小及其光合强度的高低。试验证明，杂交油菜角果光合强度、单位面积角果皮光合生产力均高于常规油菜。后期对杂交油菜与常规油菜的粒壳比进行测定，杂交油菜果壳较重，粒壳比较高是高积累、高产量的一个重要标志。

3. 抗（耐）逆性较强

（1）抗寒性　不同品种的抗（耐）性受遗传基因与生态环境的影响较大。我国目前甘蓝型油菜品种的抗寒性一般是黄淮地区品种比长江流域品种强，长江下游的江苏、上海地区品种比长江中上游地区品种强，杂交油菜品种比常规油菜品种强。

（2）抗（耐）病、虫性　不同品种的抗（耐）病虫性存在一定的差异，就对抗（耐）菌核病来讲，抗性强弱一般顺序依次为：普通常规品种＞普通杂交油菜品种＞优质杂交油菜＞优质常规油菜。1992 年对不同品种抗菌核病性能测定，发病率和病毒指数均为杂 03＞秦油 2 号、秦油 2 号＞华杂 3 号、华杂 3 号＞中油 821。

4. 营养生理特性

（1）吸肥能力强　杂交油菜具有强大的根系，吸收面广，吸收力强，养分利用效率高，且对氮素的吸收量少于常规种，对磷、钾的吸收量多于常规种。因此，杂交油菜应特别重视磷、钾肥的施用。

（2）对硼素敏感　甘蓝型油菜对硼素敏感，杂交优质油菜对硼素的反应更为敏感，需硼量更大。据观测，在低硼条件下杂交油菜缺素症状比常规种严重，说明杂交油菜必须施用硼肥，且应增加硼肥施用量。

三、油菜生长发育及所需条件

油菜从播种到成熟可划分为五个阶段（也叫生育时期），即发芽出苗期、苗期、蕾薹期、开花期和角果发育成熟期。不同阶段的生育特性有明显差异，对土壤及环境条件有不同的要求。

1. 发芽出苗期 油菜从播种到出苗，这一阶段也叫发芽出苗期。油菜种子无休眠期，具有发芽能力的种子遇适宜的条件就会发芽。发芽时先从脐部突出白色的幼根，随即胚轴伸长，胚茎向上延伸呈弯曲状；幼根上密生根毛，种壳脱落后幼茎伸出土面，变为直立，2 片子叶由黄色转为绿色，同时逐渐展开为水平状，即为出苗。种子萌发出苗必需的 3 个条件：

（1）水分 种子萌发首先吸收水分，吸水量达到本身干重的 50%以上才能发芽。播种时土壤田间持水量在 60%左右为宜。如墒情不好，种子吸水不足，就不能促使种子酶的活动和满足幼苗生长的用水，影响正常发芽苗。

（2）氧气 种子萌发时需吸收大量氧气才能在脂肪酶的作用下，使脂肪水解为甘油和游离脂肪酸，进而分解为糖类，提供发芽出苗所需要的能量物质。因此雨水量大、土壤水分过多或土壤板结，都会造成氧气缺乏，影响油菜种子发芽出苗。

（3）温度 在水分、氧气满足后，种子能否出苗及出苗快慢，主要是受温度的影响。日平均温度在 5℃以下时，发芽很慢，由播种到出苗需 20 余天。一般以日平均温度 16～25℃最为适宜，约 3～5 天即可出苗。所以冬油菜秋播太迟时，往往发芽出苗很慢。

此外，油菜种子小，顶土力弱，播种深浅和表土细碎程度也影响出苗。因此，油菜播种前必须精细整地，使表土细碎，疏松湿润。选择适宜的播种期，种子处于最适宜的温度、水分、氧气、土壤等条件，就能达到迅速出苗和全苗的目的。

2. 苗期 油菜从出苗到现蕾这一阶段叫苗期。苗期约占全生育期的一半。长江、黄淮流域甘蓝型冬油菜品种于9月下旬播种，5～7天出苗，到次年2月中旬现蕾，苗期长达130～140天。根据苗期生长特点，苗期又可分为花分化以前的苗前期和花芽分化开始以后的苗后期。苗前期主要生长叶片、根系等营养器官，苗后期生殖生长（花芽分化）开始，但仍以营养生长为主。

（1）苗期的根系生长 油菜苗期地下部分的生长，主要是形成和发展根系。油菜种子吸足水分以后，开始由胚根突破种皮，而后下扎，长成幼根。当幼根长出2厘米时，开始长根毛，行使吸收水分和养分的功能。随着生长，幼根继续下扎，形成主根。当地上部出现第一片真叶时，主根上开始出现侧根，以后在侧根上再生长细根，形成整个根系。油菜苗期根的生长以下扎为主。北方小油菜根系较深，当地上部具有8片叶时，主根入土可深达2米以上。稻茬油菜根系较浅。油菜在越冬期间气温降至3℃以下时，地上部生长缓慢，但根系仍能继续生长。这期间根系除向纵横伸长外，油菜籽叶节下与根系相接“根颈”还逐渐膨大。根颈是冬季贮藏养分的场所，其粗细是安全越冬的重要指标。凡适时播种，营养状况好，间、定苗及时，育苗移栽质量好，根颈较粗，幼苗壮，越冬死亡率低。

（2）苗期的叶片生长 油菜的苗期以营养生长为主。地上营养体的增大主要表现在叶片的生长。子叶平展后，每隔一定时间出生一片新叶，通过叶片的光合作用，建造油菜植株躯体。油菜新叶生长受温度的影响很大，平均每生长1片叶约需60℃的有效积温。当日平均气温6～9℃时，每出现1片叶需7天左右；10～16℃时，需5天左右；当日均温提高到16～22℃时，仅需3天左右。此外，不同品种的叶片生长速度有快有慢，白菜型品种出叶速度较快。油菜主茎叶片数目的多少和品种、播期、栽培水平都有密切关系，播种期对主茎叶片总数影响最大。一般说来，主茎一生的叶片数，甘蓝型中熟品种约30片，迟熟品种约35片。主茎总叶数的多少，对产量起关键作用，而冬前叶片数又决定着主茎叶片总数的多少。同时，冬前绿叶数对油菜的经济性状影响很大。冬前叶片数多，产量相应就高。据研究，冬前单株绿叶数在4～11片的范围内，平均增加1片叶，单株有效分枝增加0.6～0.7个，单株有效角果增加31.7～44.3个，单株产量提高1.62～1.99克。说明促进冬前早发，多长叶片，对提高产量有重要意义。

（3）*花芽分化* 油菜在苗后期开始花芽分化。增施有机肥，增施磷肥可促进花芽分化。从花芽开始分化至现蕾所分化的花芽为有效花芽，以后分化的花芽多为无效花芽。

（4）*对环境条件的要求*

①温度。油菜苗期生长的适宜温度是10～20℃。在土壤水分等条件满足时，温度适宜则根系、叶片生长快，发育好，花芽分化多，为后期生长发育和产量形成打下良好基础。而冬油菜苗期正处于越冬期，常遇低温冻害。油菜受冻害程度决定于品种的抗冻性、冬前发育状况及寒流的强弱。一般短期0℃以下低温不致遭受冻害。

②光照。光照对苗期养分的合成积累，叶片、根系的生长及花芽分化的早晚都具有重要影响。

③水分。苗期营养体小，气温低，耗水量小，但缺水影响幼苗发育，且抗逆性降低。苗期适宜的土壤湿度一般不低于田间最大持水量的70%。

其他栽培条件，尤其是土壤条件对根系发育程度影响很大。因此，苗期要保证耕翻整地质量，使土壤疏松深厚，保持土壤湿润，增施有机肥料，早施苗肥，并使地温提高，对苗期发育都有良好的作用。

3. 蕾薹期　油菜从现蕾到初花期这一段叫蕾薹期。中熟甘蓝型品种，一般2月中、下旬现蕾，3月下旬初花，蕾薹期1个月。春季当气温上升到10℃左右（主茎叶片达14片左右），扒开心叶能见到明显的绿色花蕾时，即为现蕾。当主茎顶端伸长到距离子叶节达10厘米以上，并且有蕾时，即为抽薹。蕾薹期的生育特点是营养生长和生殖生长并进，而且都很旺盛，但营养生长仍占优势。营养生长的主要表现是主茎伸长，分枝形成，叶面积增大；生殖生长主要表现为花序及花芽的分化形成。

（1）蕾薹期叶片的生长　蕾薹期地上部分除继续生长叶片和增加叶面积外，主茎也在不断延伸，各组叶片不断出现，主茎叶片由长变短，由大变小，植株由莲座形渐变成宝塔形。蕾薹初期主花序的伸长较缓慢，主茎延伸较快。延伸的长度，一般迟熟品种较长，早熟品种较短。到蕾薹后期，第一次分枝也陆续出现，至初花前10天左右，主茎叶片全部出齐。

（2）蕾薹期的花芽分化　蕾薹期油菜在其营养生长的同时，花芽分化也在迅速进行。油菜花芽分化是从苗期开始的，其分化顺序：在同一植株上一般是先主序后分枝，先第一次分枝，后第二次分枝。在一个花序上则由下而上地分化。但主茎各分枝的花芽分化并非完全由上而下依次进行，而是主茎的上部分枝和下部分枝花芽分化早，中部分枝花芽分化迟。以后随着中部分枝花芽分化的加速，上部和下部分枝的花芽分化逐渐向中部分枝汇合，变成上部分枝的花芽分化领先。油菜花芽分化以始花期最快，始花以前特别是蕾薹期，其分化速度是上升的。始花以后至盛花期其分化速度显著下降，以后稳定于一定水平。

油菜花芽分化开始的迟早，分化速度的快慢，与品种和栽培条件有关。一般说来，白菜型品种分化早而快，甘蓝型品种分化晚而慢。同是甘蓝型品种，春性、早熟品种分化早，冬性、迟熟品种分化迟。土壤肥力状况、温度高低影响花芽分化的早晚和速度。肥田、菜苗壮，花芽分化早而快；薄地、菜苗瘦弱，花芽分化迟而慢。冬季温暖，花芽分化速度也相应加快，且分化多。在栽培上要根据不同的品种特性，适期播种，培育壮苗，使花芽早分化，快分化，多分化，多结角。争取现蕾以前分化的花蕾对于提高油菜单株有效花芽率和结角数具有重要作用。

(3) 蕾薹期对环境条件的要求

①温度。冬油菜一般在开春气温稳定在 5℃ 以上时现蕾，而后抽薹。若气温在 12℃以上可迅速抽薹。抽薹太快，组织疏松易弯。同时，蕾薹期油菜抗寒力减弱，遇 0℃以下低温则易受冻。幼蕾最易受冻，其次是嫩薹部易受冻。

②光照。蕾薹期需要充足的光照，通风透光好可促进有效分枝的形成和光合产物的积累。因此，适宜的密度是保证蕾薹期光照充足的重要条件。

③水分。蕾薹期营养体生长快，叶面积扩大，蒸腾作用增强，必须保证水分需求。一般此期土壤水分以达到田间最大持水量的80%左右为宜。

4. 开花期 油菜从初花到终花这一阶段为开花期。中熟甘蓝型品种一般 3 月中、下旬初花，到 4 月上、中旬终花，约经25天左右。油菜开花期的生育特点是营养生长相对减弱，生殖生长逐渐占优势。主要表现为花序的伸长和大量开花、授粉、受精，并形成角果。

（1）开花 油菜开花的顺序和花芽分化的顺序基本一致。就全株而言，是主花序先开，然后第一次分枝、第二次分枝花序依次开放；就同级分枝而言，是上部分枝先开，下部分枝花序后开；在同一个花序上，无论主花序还是分枝，都是下部花先开，依次向上陆续开放。一朵花的开放，需经过显露、伸长、展冠、萎冠4个过程，历时30小时左右，即在头天下午4时许花萼裂开，露出黄色花冠，次晨花冠伸长为喇叭形，7时花瓣全部展开。在一天中以8：00～14：00时开花较多，以9：00～11：00时开花最盛。开花后3～5天花冠凋萎脱落，遇连阴雨时，花瓣保持时间延长。

（2）授粉与受精 成熟的花粉由昆虫或风力传播，黏附在柱头上进行授粉。油菜的类型不同，授粉方式也不相同。白菜型油菜属典型的异花授粉，异交率在75％～85％以上；而芥菜型和甘蓝型油菜一般异交率在10％～30％之间，属常异花授粉作物。花粉落在柱头上，45分钟即可发芽，生出花粉管，沿花柱逐渐伸向子房，18～24小时就完成了受精过程。开花后雌蕊受精能力一般可保持5～7天，但以开花后1～3天内的生活力最旺盛。

（3）开花期对环境条件的要求 油菜开花、授粉、受精状况主要与温、湿度有关。油菜开花的适温范围一般在12～20℃，以14～18℃最为适宜。当气温降到10℃以下时，每日开花数减少；5℃以下便不能正常开花。如果气温过高，达25℃以上时，虽然可以开花，但开花结实不良，角粒数减少，且易脱落。空气湿度对开花授粉受精影响很大，一般以相对湿度70%～80%较为适宜。相对湿度高于90%时，对授粉不利，结角率明显下降。而低于50%时，同样不利授粉、受精。北方冬油菜区开花期往往少雨、干旱、空气干燥，对油菜开花、授粉、受精不利，应注意灌水防旱，调节小气候，使环境条件有利开花、授粉、受精。淮南春季往往多雨，花期应注意做好排水防湿工作。总之，油菜进入开花以后，营养生长逐渐减弱，生殖生长则逐渐开始加强。这时植株已达最大高度，分枝基本完成，叶片由下而上逐渐开始枯黄脱落，体内的糖分大部分集中于长花和长角。因此，这段时间是高产的重要时期，也是需水需肥的高峰期。尤其此期对磷、硼等最为敏感，供给充足的养分是夺取丰产的重要措施。并要注意防止植株疯长及病害发生蔓延。

5. 角果发育成熟期 从终花到成熟为角果发育成熟期。长江、黄淮冬油菜区中熟甘蓝型品种4月中、下旬终花，5月中、下旬成熟，历时30天左右。在这一时期内要经历角果的发育、种子的形成和体内营养物质向角果种子运输和积累。加强角果发育成熟期管理，是促进种子正常灌浆，提高粒重、油分，保证丰收的最后一环。

（1）角果和种子发育 油菜角果发育是先纵向伸长，再横向膨大，一般开花后20多天定型，发育顺序是先开的花先发育。角果发育的同时，受精胚珠也发育成种子，受精不良或营养不足的胚珠萎缩成秕粒。随后油菜种子中油脂及其他干物质开始大量积累。

（2）角果发育对环境条件的要求

①温度。油菜角果发育对温度要求严格，角果最适宜的温度为15～20℃。温度过高，造成高温逼熟，灌浆时间短，千粒重低；温度过低也不利于光合产物的合成与运转；昼夜

温差大，有利于物质和油分积累。

②光照。充足的光照也有利于后期光合作用和干物质、油分的积累。如我国西北、西南高原地区在油菜角果发育期光照强，昼夜温差大，千粒重和含油量就比江淮流域高。

③湿度。油菜角果发育要求土壤湿度不能太低，土壤含水量以不低于田间最大持水量的60%为宜。虽然此期植株代谢逐渐衰退，蒸腾作用减弱，但此时角果皮仍在旺盛地进行光合作用，茎叶、果皮的光合产物大量向种子运转，缺水导致秕粒增加，含油量降低。但水分太多，又易造成贪青晚熟，渍水更会导致根系早衰。

此外，氮肥过多或倒伏会导致晚熟或病害发生，也会形成较多的阴角和秕粒，因此，在角果成熟期的田间管理上，既要防止植株脱肥早衰，又要防止施氮过多和人畜踩踏，才能有效地提高产量和品质。

第三章　油菜营养特性及施肥技术

一、油菜营养特性

油菜属十字花科油料作物，全生育期可分为发芽出苗期、苗期、蕾薹期、开花期和角果发育成熟期。油菜是需肥较多的作物之一，特别是对氮、钾需要量较大，且对硼较为敏感。氮肥充足，不仅能保证油菜的正常发育，同时能使有效花芽分化期相应加长，为增加结荚数、粒数和粒重打下基础；及时供应磷肥，能增强油菜的抗逆性，促进早熟高产，提高含油量；增施钾肥能减少油菜菌核病的发生，促进形成大量的茎秆和分枝，增强植株的抗逆能力；硼肥能够促进开花结实，荚大粒多，籽粒饱满。

1. 氮　苗期氮素的吸收量占总吸收量的43.9%，幼苗期是氮素营养的临界期。蕾薹期的营养生长和生殖生长均很旺盛，吸收氮占总量的45.8%，是油菜需氮最多的时期。

2. 磷　油菜生长初期对磷的反应最敏感，而磷在作物体内能被再度利用，所以油菜的磷肥应全部作基肥用。花期至成熟期是油菜吸磷最多的时期，占总量的58.2%，成熟后60%～70%的磷分布在籽粒中。

3. 钾 油菜对钾的需要量很大，抽薹期植株体内钾素浓度最高。钾肥最迟必须在抽薹前施用，而且愈早愈好。

4. 硼 硼对油菜的根系发育以及开花、授粉、结实等影响较大。苗期、花期是油菜施硼的关键时期。

5. 硫 油菜蛋白质含量高，需要的硫比禾谷类、块根类作物多，故选用含硫的肥料如硫酸钾、硫酸铵等对油菜生长具有双重作用。

二、油菜需肥规律

油菜是需肥多、耐肥力强的作物，而且对磷、硼肥很敏感。在产量相同的条件下，油菜所需氮、磷、钾的数量比小麦依次多133.25%、3.45%和153.41%，比大麦依次多213.97%、71.43%和147.57%，比水稻依次多163.73%、40.63%和158.61%，比大豆依次多0.45%、4.26%和139.92%。油菜要求土壤有效态硼素含量在5毫克/千克以上，而小麦、水稻等在1毫克/千克以下；油菜对磷肥也很敏感，在生长期内土壤速效磷含量小于5毫克/千克的容易出现缺磷症状。

油菜在其整个生育期需从土壤中吸收各种养分，其中以氮、磷、钾对油菜籽的产量和品质影响最大。一般形成100千克的油菜籽，需从土壤中吸收氮（N）8.8～11.6千克、磷（P_2O_5）1.8～2.4千克、钾（K_2O）6.0～10.1千克，氮、磷、钾比例为1∶0.5∶1。不同品种吸收量差异很大，一般甘蓝型为1∶0.42∶1.4，白菜型为1∶0.44∶1.1，甘蓝型吸肥量一般比白菜型高30%以上，产量高50%以上，且甘蓝型油菜需钾量明显比白菜型高。甘蓝型油菜不同生育时期对氮、磷、钾的吸收有较大的差异，且随生长中心的转移而有变化。

播种至苗期氮、磷、钾分别占总吸收量的 13.4%、6.4%、12.3%，苗期至抽薹期分别占总吸收量的 34.4%、28.0%、37.6%，抽薹期至初荚期分别占总吸收量的 27.2%、24.8%、28.9%，初荚期至成熟期分别占总吸收量的 25.0%、40.8%、21.2%。

（一）秧苗阶段

在适时播种的情况下，该生育期一般为 35～40 天，此阶段气温较高，一般出苗后 4～5 天长 1 片叶，吸收的氮素占全生育期的 7.2%，吸收的磷素和钾素分别占全生育期 2.2%和 5.6%。这阶段吸收的养分虽然不多，却是培育壮苗的物质基础。

（二）大田苗期阶段

此期从移栽到现蕾前，一般 100 天以上，如为直播油菜，苗期为 130 天左右。苗期干物质积累占总干物重的 20%以上，吸收的氮素占全生育期吸收氮素总量的 36%，磷素和钾素各占 20%，这个生育阶段的时间最长，并经历约 2 个月的低温阶段，越冬前要吸收较多的营养元素，是需肥的重要时期。

（三）薹期阶段

自现蕾后到始花期，是油菜营养生长和生殖生长两旺，以营养生长为主的时期，油菜生长迅速，抽薹分枝，叶面积大幅度增长，到盛花期叶面积指数达一生中最大值。花芽分化由弱到强，由慢到快，特别是第一次分枝上的花芽分化数急增。这个阶段约经历30天，是一生中吸收氮素和钾素最多的时期，其中吸收氮素占全生育期的45.8%，吸收磷素占21.7%，吸收钾素占54.1%。此阶段氮、磷、钾营养供应充足与否，对单株有效分枝和角果数有重要影响。

（四）花期到成熟期

此阶段指始花到成熟所经历的日数，一般是50天以上，是生殖生长最旺盛时期，此期对氮、钾养分的吸收积累相对较少，但对磷素的吸收量为一生中的最高峰，吸收的磷素占全生育期的58.3%，氮素占10.3%，钾素占21.7%，该时期以碳素代谢为主，磷素的同化和积累在茎部、角果中形成高峰，角果表皮和茎的光合作用所积累的有机物质逐渐转运到种子中贮存，据分析，成熟期种子内氮素和磷素含量各占植株总含量的1/2左右。但是，如果后期施用氮肥过多，会造成贪青，种子不饱满，秕粒增多，脂肪含量下降，而此期需要充足的磷素，以促进种子中脂肪的合成与转化，提高种子含油量。

三、油菜缺素症状

油菜需肥较多，底肥需施足，现薹抽薹期需肥量占总吸收量的1/3～1/2。幼苗3～5片真叶以前是磷元素营养的临界期，磷的利用效率最高。钾肥在全生育期都可吸收利用，能促进生长，增加分枝，增强耐寒、抗病和抗倒的能力，并能促使早熟，提高含油量。氮、磷、钾配合使用的合理比例为1∶0.35∶0.95。油菜对硼很敏感。在土壤严重缺硼（土壤水溶性硼含量在 0.3 毫克/千克以下）时，苗期可导致死苗，薹期可使提早脱叶，抽薹延缓，株型矮化，花蕾干枯或脱落，开花延缓或不能正常开花，角果停止发育或呈畸形，胚珠不能发育成正常种子。硼能使吸收的氮素迅速转化为有机氮形成蛋白质，缺硼则蛋白质的合成受到阻碍，产生氨中毒。硼还能促进花粉萌发和受精。营养平衡是油菜健壮生长的关键，根据外部症状可以初步判断油菜是否缺素及其程度。

油菜在生长发育时期如果缺氮、磷、钾、硼、硫等营养元素，将会出现一些特殊症状，并直接影响其产量。为此，针对油菜缺素症状做一些技术补救措施是必不可少的。

（一）缺素症状

1. 缺氮 油菜缺氮时新叶生长慢，叶片少，叶色淡，逐渐褪绿呈现紫色，茎下部叶变红，严重的呈现焦枯状，出现淡红色叶脉；植株生长瘦弱，主茎矮、纤细，株型松散，角果数很少，开花早且开花时间短，终花期提早。

2. 缺磷 缺磷时叶片呈暗蓝绿色至淡紫色，叶片小，叶肉厚，无叶柄，叶脉边缘有紫红色斑点或斑块，叶数量少，下部叶片转黄易脱落，严重的叶片边缘坏死，老叶提前凋萎，叶片变成狭窄状，植株矮小，茎变细，分枝少，植株外形瘦高而直立，根系小，发育差，侧根少，推迟油菜成熟期 1～2 天。

3. 缺钾 幼苗呈现匍匐状，叶片暗绿色，叶片小，叶肉似开水烫伤状，叶缘下卷，叶面凹凸不平，松脆、易折断。叶片边缘或叶脉间失绿，开始时呈现小斑点，后发生斑块状坏死。严重缺钾叶片全部枯死，但不脱落。缺钾首先表现在新陈代谢旺盛的叶片上，老叶上不易见到。缺钾的主茎生长缓慢，且细小，易折断倒伏。角果短小，角果皮有褐色斑。

4. 缺镁　常使叶片呈现缺绿，但叶脉仍然呈现绿色，其基部老叶发黄；开花往往受到抑制，花瓣呈现苍白色，植株大小变化不明显。

5. 缺锰　油菜对锰反应很敏感，缺锰时幼叶呈现黄白色，叶脉仍绿色，开始时产生褪绿斑点，后除叶脉外，全部叶片变黄，植株一般生长势弱，黄绿色，开花数目少，角果也相应减少，芥菜型油菜则发生不结实现象。

6. 缺硫　症状与缺氮症状基本相似，幼苗窄小黄化，叶脉缺绿，后期逐渐遍及全叶及抽薹和开花时的茎和花序上；淡黄色的花往往变白色，开花延续不断，成熟期植株上除存在有成熟和不成熟的角果外还有花和花蕾。角果尖端干瘪，约有一半种子发育不良。植株矮小，茎易木质化或折断。

7. 缺硼　油菜苗期缺硼，根变褐色，新根少，根颈膨大，个别根端有小瘤状突起；茎部生长点变白枯萎；叶暗绿、皱缩，呈现紫红色斑块或全部叶片紫红色，严重时引起死苗。蕾薹期缺硼，花蕾枯萎变褐，薹细且短，顶部花蕾失绿枯萎，花色暗淡，花瓣皱缩干枯不能正常开花和结实，出现花而不实，且不利形成正常角果，幼果大量脱落，个别畸形发育的角果籽粒少，大小成熟不一。

8. 缺钙　油菜缺钙新叶凋萎，老叶枯黄；叶缘、叶脉间发白，叶缘下卷，顶端叶芽基部弯曲或死亡。

9. 缺锌　油菜缺锌时，叶脉间褪绿，叶片小略增厚，严重的叶片全部变白。植株一般生长矮小，生长势弱。芥菜型油菜开花受到抑制，完全不结实。

（二）缺素原因

1. 缺氮 油菜要求氮肥适量。据试验，在中等肥力地块，亩施五氧化二磷6千克基础上，增施氮肥，产量随施氮量增加而提高，当产量升至最高点后，再增加氮肥反而减产。生产上在亩施五氧化二磷基础上施氮10千克，每亩最高增产67.8千克，生产上低于这个水平易出现缺氮。

2. 缺磷 当土壤中速效磷含量低于10毫克/千克，每千克P_2O_2平均增产油菜籽1.5千克。磷肥单施，每千克P_2O_2平均增产菜子3.1千克。在中等肥力条件下，每亩适宜施磷量为6～7千克，是一般禾本科作物的2倍。生产上低于这个标准就会出现缺磷症状。

3. 缺钾 经试验，土壤速效钾含量小于100毫克/千克的中下等土壤肥力水平，施钾比对照增产16.1%～20.7%，且含油量提高5%～12.4%。土壤中缺钾影响产量、质量及千粒重。但在褐土上施钾增产效果不明显。

4. 缺镁 有时土壤中不缺镁，但由于施钾过多或在酸性及含钙较多的碱性土壤中影响了油菜对镁的吸收；有时植株对镁需要量大，当根系不能满足其需要时也会造成缺镁；生产上早春气温低，尤其是土温低时，也会影响根对镁及磷的吸收；此外，偏施氮肥也会诱发缺镁症发生。

5. 缺锰 土壤黏重、通气不良的碱性土易缺锰。

6. 缺硫 生产上长期连续施用没有硫酸根的肥料易发生缺硫病。

7. 缺硼 油菜对硼最为敏感。我国大部分油菜产区土壤中水溶性硼含量低于0.5毫克/千克，小于常规缺硼临界值，北方油菜区含硼量略高，但也没有达到0.5～1毫克/

千克适量的标准，一般 0.5 毫克/千克表示缺硼，小于 0.3 毫克/千克为严重缺硼。

8. 缺锌　土壤含锌量一般在 10～300 毫克/千克，我国土壤含锌量随 pH 的升高，有效锌含量降低，植株缺锌常发生在 pH＞6.5 的土壤上。此外，土壤中含有效磷高或施用大量磷肥常使缺锌加重。

（三）防治方法

1. 缺氮　建议施用酵素菌沤制的堆肥或充分腐熟的有机肥。提倡施用涂层尿素、长效碳酸氢铵、控制缓释肥料。应急时每亩追施尿素 7～8 千克或碳酸氢铵 15～20 千克，天旱时追肥后要浇水，防止烧苗。此外，还可施用叶面肥，用 1%～2%尿素水溶液 40～50 千克喷洒叶面。

2. 缺磷　建议施用以钙镁磷肥为包裹剂的包裹肥料或每亩施过磷酸钙 20～30 千克，施后及时灌水，必要时叶面喷施磷酸二氢钾每亩 200～250 克对 50 千克水，配成 0.4%--0.5%的水溶液，共喷 2～3 次。

3. 缺钾　建议施用生物钾肥或每亩追施硫酸钾或氯化钾 5～10 千克或草木灰 100 千克。也可于叶面喷施磷酸二氢钾每亩 200～250 克对水 50 千克，配成 0.4%～0.5%的水溶液。

4. 缺镁　建议叶面喷 0.1%～0.2%的硫酸镁溶液每亩 50 千克，连续进行 2～3 次。

5. 缺锰　建议追施含锰化合物。一般每亩追硫酸锰 3～5 千克或叶面喷施 0.1%的硫酸锰溶液每亩 50 千克。连续进行 2～3 次。

6. 缺硫　建议采用配方施肥技术或严重缺硫时每亩追

施硫酸钾 10～20 千克。

7. 缺硼 建议对症追施硼肥，每亩施 21%高效速溶硼肥 100 克或施硼砂 0.5～1 千克，对严重缺硼地区要重施，一般与氮、磷、钾混合使用，或每亩喷施硼砂 100～200 克对水 50～60 千克，连续进行 2～3 次。

8. 缺钙 酸性土施适量石灰；碱性土施适量石膏，后期叶面喷 0.2%硝酸钙。

9. 缺锌 建议对症追施硫酸锌，每亩 3～4 千克或叶面喷施 0.3%～0.4%的硫酸锌溶液 50 千克。

四、油菜施肥技术

油菜需肥多，耐肥力强，在施肥技术上，应改变过去重视追肥、轻视底肥，重视薹肥、轻视苗肥，重视氮肥、轻视磷钾肥的“三重三轻”倾向，强调重施底肥，增施早施苗肥，三要素配合施用的施肥原则。

（一）施肥方法与用量

1. 基肥 油菜植株高大，需肥量多，应重视施用基肥。基肥不足，幼苗瘦弱，即使大量追肥，也难以弥补。一般基肥用量（以氮计）可占总肥量的 40%～60%。以堆肥、土粪、塘泥为主的地区或冬季气候寒冷、土质瘠薄黏重的地区，基肥用量可以加大到总肥量的 2/3。基肥施用的总体原则是“数量要足，品种要全，时间得当”。在油菜移栽前 1 天穴施基肥，一般亩用猪牛圈粪 500～1 000 千克、钙镁磷肥 40～50 千克、尿素 15～20 千克、钾肥 7～10 千克、硼肥 0.5 千克、锌肥 1.0 千克混合均匀埋施。在施肥前，应将各种肥料充分混合均匀，这种混合过程即自制油菜专用肥过程。

具体做法是：先混合大量元素肥料（氮磷钾），再加入微量元素肥料（硼肥和锌肥）。在肥料混合过程中尿素可能会与过磷酸钙反应，因而，磷肥用过磷酸钙时，可将过磷酸钙最后混入或单独施用，肥料混合好后，应立即使用，即随配随用。肥料施入后需覆土以防氮素挥发损失。基肥施好后便可进行油菜苗移栽，移栽时注意不宜直接将油菜栽在施肥穴上，严禁油菜苗根接触肥料，以免肥料浓度高而发生烧苗死苗现象。

油菜的基肥分为底肥和种肥两种，底肥随整地施入土中。常用的底肥有牲畜粪、土杂肥、塘泥、饼肥、堆肥等农家肥，用量视肥料质量好坏确定，一般每亩地块施用 3～5 吨，同时施入 5～7.5 千克（纯量）氮素化肥（尿素 11～16 千克或硫酸铵 25～37 千克）、过磷酸钙 20～30 千克、氯化钾 5～10 千克。

在缺硫的土壤上，基施的磷肥是钙镁磷肥时，应每亩地块施硫黄粉 2 千克做基肥，防止油菜缺硫。

在缺硼土壤上，每亩地块施 0.5 千克硼砂做基肥；在缺锌土壤上，每亩地块施硫酸锌 1～2 千克做基肥。

种肥是在油菜播种或移栽时，将肥料集中施在行内或穴内，是一种经济施肥的方法。在基肥不足的情况下，施用种肥有良好的效果。种肥用量较底肥少，种肥应以磷钾肥为主，生产中普遍应用过磷酸钙、硫酸钾、土粪、渣肥、草木灰等，也有用牲畜粪水、人粪尿等做种肥的。有试验表明，每亩地块用 2.5 千克硫酸铵拌油菜种子的比未拌种的增产 23.2%。

2. 苗床施肥 随着两年三熟制、一年两熟制和一年三熟制油菜面积的扩大，各地油菜的育苗移栽面积也迅速扩大。农谚说："壮苗三分收，瘦苗一半丢"，说明壮苗的重要性。施肥是壮苗的重要措施之一，要做好苗床施肥，首先要施足基肥，应施用腐熟的优质农家肥和速效化肥，一般每亩苗床基肥多用人畜粪 2～3 吨做面肥，结合整地施于表土层，有利于出苗和幼苗生长。

在施足基肥的同时，结合间苗定苗，追肥 1～2 次，每亩地块追施氮素化肥 5～7.5 千克（纯量，折尿素 11～16 千克或硫酸铵 25～37 千克），或每亩地块施清水粪 3～4 吨，在移栽前 1 周左右再追施 1 次人粪尿（氮肥）作为"送嫁肥"促使幼苗健壮，移栽后返青快，成活率高，有利于丰收。

3. 追肥 油菜不同于其他作物，如果基肥不足，尤其是农家肥施用量少时，需要多次追肥。

（1）苗肥 早施、勤施苗肥，及时供应油菜苗期的养分。利用冬前短暂的较高气温，促进油菜生长，做到壮苗越冬，为油菜丰收打下基础。油菜苗期较长，一般苗期又分苗前期和苗后期两次施。施用量要因土因苗而异，在施足基肥的基础上，苗肥一般占总施氮量（10～15 千克）的 30%～40%（3～5 千克）。

①苗前期施肥。直播油菜在定苗时或 5 片真叶时施用，移栽油菜施"返青肥"或"活棵肥"。施肥量 1.5～2.5 千克氮（纯量，折尿素 3～5.5 千克或硫酸铵 7.5～12.5 千克），一般以速效氮肥（或人粪尿）为主，在缺磷缺钾土壤上，如果基肥未施磷、钾肥，应补施磷、钾肥。

②苗后期施肥。油菜越冬期，视苗情和气候施腊肥。春

性强的品种或冬季较温暖的地区，宜偏早施；冬季气温低或三熟油菜地区，宜偏晚施。苗后期的追肥量应比苗前期大，浓度应高些，以速效氮肥或人粪尿为主。用半腐熟的厩肥、土杂肥、地灰等农家肥在油菜根际壅施腊肥，对防冻保暖、增强抗寒力有利，从而起到促进春后生长的效果。

（2）蕾薹肥　油菜进入蕾薹期，生长旺盛，对养分的需求迅速增加，追施蕾薹肥能促进根深叶茂，薹壮枝多，从而达到增果增粒的目的。薹肥一般以每亩地块施氮素 3.5 千克（纯量，折尿素 6.5～11 千克或硫酸铵 15～25 千克）为宜。施用时间一般以抽薹中期，薹高 15～30 厘米时为好。但长势弱的可在抽薹初期追肥，以免早衰；长势强的可在抽薹后期，薹高 30～50 厘米时追肥，以免花期疯长荫蔽。如果土壤严重缺硼，在苗后期至抽薹期喷施 0.2％硼砂水溶液 2～3 次，每亩地块每次喷 50～75 升，有良好的增产效果。

（3）花肥　油菜抽薹后，边开花边结果，常常因营养条件和其他原因在盛花期发生花蕾大量脱落。种子的粒数和粒重与开花后的营养条件关系密切，因此，要巧施花肥。对长势旺，薹期施肥量大的可以不施或少施；对早熟品种不施或在始花期适量少施。看气候，如雨量适宜，通风透光好，花肥效果也好；而阴雨、低温则加剧荫蔽而降低肥效。花期追肥可采取叶面喷施，花结荚时期喷施 1％尿素或过磷酸钙（或 0.2％磷酸二氢钾）有一定效果。

（二）施肥时期与比例

油菜施肥强调重施底肥，增施早施苗肥，早施酌施薹肥，注意施用硼肥。其中磷钾肥一般 1 次底施，氮肥则要分次施用。多年研究表明，氮肥以底 5、苗 3、薹 2 比例的施用模式最好；比底 3、苗 4、薹 3 的增产 18.1%；比底 7、苗 2、薹 1 的增产 28.3%。关于硼肥，以每亩底施 0.75 千克为好，不能底施者的，采用叶面喷施，用 50 升水加入硼砂（用热水溶化）100 克拌匀喷雾，不漏喷。在土壤缺硼地区，于苗期和薹期各喷 1 次，以防止“花而不实”。不缺硼的地区，在薹期喷施 1 次，对提高油菜结实率，增加产量有益。

第四章　油菜测土配方施肥技术

一、测土配方施肥技术的概念

测土配方施肥是以土壤测试和肥料田间试验为基础，根据作物需肥规律、土壤供肥性能和肥料效应，在合理施用有机肥的基础上，提出氮、磷、钾及中、微量元素等肥料的施用数量、施肥时期和施用方法的技术体系。

该技术体系包括“测土、配方、配肥、供肥、施肥指导”5个环节，野外调查、土壤测试、田间试验、配方设计、校正试验、配肥加工、数据库建设、示范推广、宣传培训、效果评价及技术研发11项工作。

其核心技术可概况为“12345”要诀：坚决贯彻一个原则：即有机肥与化肥配合施用原则；切实做到两个平衡：即氮磷钾之间及大量与微量元素之间的平衡；灵活掌握3种施肥方式：基肥、种肥和追肥；深刻领会4个施肥理论：养分归还学说、最小养分律、报酬递减率、因子综合作用律；全面评价5项指标：高产指标、优质指标、高效指标、环保指标、改土指标。

通俗地说，测土配方施肥包含着测土、配方和施肥3个方面的内容，测土是配方的依据，施肥是配方的实施。一是测土，就是取土样测定土壤养分含量，就像医生看病，首先进行把脉问诊；二是配方，即经过对土壤的养分诊断，按照庄稼需要的营养“开出药方，按方配药”；三是合理施肥，就是在农业科技人员指导下科学施用配方肥，合理安排基肥和追肥比例，同时根据肥料的特性，选择切实可行的施肥方法，并与其他农艺措施相配套，以发挥肥料的最大增产作用。

二、测土配方施肥技术原理

测土配方施肥是以养分归还（补偿）学说、最小养分律、同等重要律、不可代替律、肥料效应报酬递减律和因子综合作用律等为理论依据，以确定不同养分的施肥总量和配比为主要内容。为了充分发挥肥料的最大增产效益，施肥必须与选用良种、肥水管理、种植密度、耕作制度和气候变化等影响肥效的诸因素结合，形成一套完整的施肥技术体系。

（一）养分归还学说

这个学说是 19 世纪德国杰出的化学家李比希提出的，也叫养分补偿学说。其主要论点是：作物从土壤带走养分，土壤中的养分将越来越少，因此，要恢复地力就应该向土壤增加养分，归还从土壤中拿走的全部东西，不然产量就会下降。

养分归还学说作为施肥基本原理是正确的。它改变了过去局限于低水平的生物循环，通过增施肥，扩大了这种物质循环，从而为提高产量提供了物质基础。但它也存在下面的不足和片面之处。

①有重点地归还养分是对的，但全部归还则是不经济和不必要的。如果土壤耕层积累了丰富的养分，在一段时间内某些养分可以不施或缓施。

②没有看到豆科作物有固氮作用。豆科作物根部的根瘤

菌具有固氮能力，可以固定土壤和大气中的氮素，因此，在与豆科作物轮作过程中，可以减少土壤氮肥的施用量。

③施加灰分是必要的，但忽视了增施氮肥。施加灰分只着眼于磷钾等矿质元素，还应同时强调增施氮肥和厩肥。生产实践证明，氮肥的增产作用是显著的，仅靠自然归还还是不够的。

（二）最小养分定律

植物为了生长发育，需要吸收各种养分。但是决定作物产量的却是土壤中相对含量最小的养分因素，产量也在一定限度内随着这个因素的增减而相对地变化，如果不针对性地补充最小养分，即使其他养分增加得再多，也难以提高产量，只能造成肥料的浪费，这就是“最小养分律”，也叫“木桶原理”，通常用装水木桶进行解释。木桶由代表不同养分含量和因素的木板组成，贮水量的多少由最短木板的高度决定。在施肥实践中应掌握以下几点：

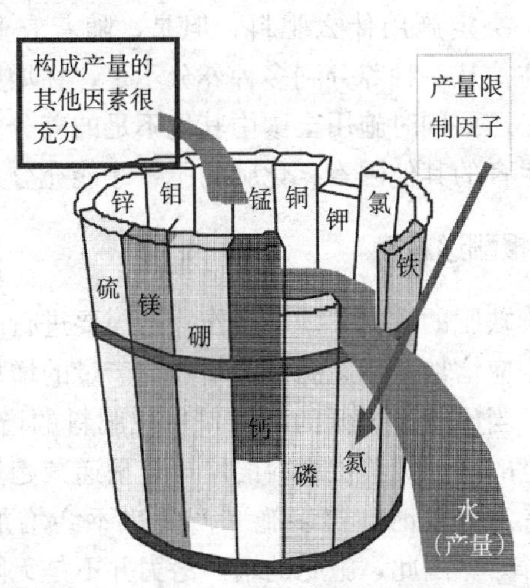

①最小养分是指土壤中相对含量最少，不是土壤中绝对含量最少的那种养分。

②最小养分不能用其他养分代替，即使其他养分增加再多，也不能提高产量。

③最小养分是变化的，它是随作物产量水平和化肥供应数量而变的。

④最小养分不是单一的作用，也必须同时改善影响作物生育的其他因素和其他营养元素。

最小养分是相对于作物来说，土壤供应能力最差的某种养分。最小养分也常变化，我国在20世纪50年代氮素不足，施用氮肥作物产量迅速提高；60年代磷素不足，成了增产的限制因素，施用磷肥作物明显增产；70年代我国南方缺钾的问题又突出表现出来；80年代在某些地区和地块锌、硼、锰等微量元素成了最小养分，所以要用发展的观点来认识最小养分律，抓住不同时期、不同作物、不同地点的主要矛盾，决定施用什么肥料。但是，随着农业生产的发展，土壤往往从一种养分到多种养分不足，在增施土壤中最小养分时，还要同时施用土壤中其他不足的养分，甚至改善影响作物生育的其他因素，化肥的肥效才能充分发挥。

（三）报酬递减律

在土壤缺肥的情况下，根据作物的需要进行施肥，作物的产量会相应增加。但施肥量的增加与产量的增加并不是正相关关系。当施肥量很低的时候，单位肥料的增产量很大，随着施肥量的增加，单位肥料的增产量呈递减趋势，当施肥量增加到一定程度时，再多施肥产量也不会增加，这就是“报酬递减律”。因此，施肥的增产潜力并不是无限的，施肥要有限度，超过了这个限度，就是过量施肥，必然会带来经济上的损失。通俗地说不是“粪大水勤，不用问人”，而是要做到“吃饱不浪费”。

（四）因子综合作用律

它是指作物的增产是由于影响作物生长发育的各种因子综合作用的结果，如水分、温度、养分、空气、作物品种，以及耕作条件等，所以，施肥措施必须与其他农业技术措施密切配合，就是在其他生产因子不变的条件下，肥料养分间的配合施用，也应该因地制宜地加以运用，两种或两种以上的肥料配合使用，产生的综合作用要比单一肥料复杂得多。

（五）同等重要律

农作物生长需要的营养元素，现在已经知道的有 20 多种，其中碳、氢、氧可从空气和水中获得，一般不需要以肥料的形式提供。氮、磷、钾在作物体内含量较高，吸收得也较多，称为“大量元素”，也称为“肥料三要素”。钙、镁、硫一般称为“中量元素”。铜、锌、铁、锰、硼、钼等元素，作物需要量少，称为“微量元素”。对农作物来讲，不论大、中量元素或微量元素都是同等重要，缺一不可。缺少某一种微量元素，尽管它的需要量很少，仍会产生微量元素缺乏症，从而导致减产。例如玉米缺锌植株矮小，油菜缺硼花而不实等。所以，不论微量元素还是大、中量元素，其重要性是一样的，并不因为需要量的多少而改变，这就是“同等重要律”。

（六）不可替代律

作物需要的各种营养元素，在作物体内都有一定的功能，相互之间不能代替，缺少什么营养元素，就必须施用含有该营养元素的肥料，施用其他肥料不仅不能解决缺素的问题，有些时候还会加重缺素症状，这就是“不可替代律”。因此，施肥要有针对性，也就是说要“缺什么补什么”。

三、油菜测土配方施肥技术遵循的原则

一是有机与无机相结合。实施油菜配方施肥必须以有机肥料为基础。土壤有机质是土壤肥沃程度的重要指标。增施有机肥料可以增加土壤有机质含量，改善土壤理化生物性状，提高土壤保水保肥能力，增强土壤微生物的活性，促进化肥利用率的提高。因此，必须坚持多种形式的有机肥料投入，才能够培肥地力，实现农业可持续发展。

二是大量、中量、微量元素配合。各种营养元素的配合是配方施肥的重要内容，随着产量的不断提高，在耕地高度集约利用的情况下，必须进一步强调氮、磷、钾肥的相互配合，并补充必要的中、微量元素，才能获得高产稳产。

三是用地与养地相结合。要求投入与产出相平衡。要使作物—土壤—肥料形成物质和能量的良性循环，必须坚持用养结合，投入产出相平衡。破坏或消耗了土壤肥力，就意味着降低了农业再生产的能力。

四、油菜测土配方施肥技术路线

主要围绕“测土、配方、配肥、供肥、施肥指导”五个环节开展十一项工作。

（一）野外调查

在整理收集有关资料的基础上，结合采集土样工作组织开展取样地块农户施肥情况和土壤立地条件调查，掌握基本农田土壤立地条件与施肥管理水平。

1. 调查农户选择和数据获取方法 农户是测土配方施肥的具体应用者，通过收集农户施肥数据进行分析是评价测土配方施肥效果与技术准确度的重要手段，也是反馈修正肥料配方的基本途径。因此，如何选取被调查的农户和获取被调查农户施肥的相关数据是非常重要的。

（1）*调查农户抽样选择方法* 测土配方施肥中农户选取的方法是采用随机取点、对称等距抽样方法，即将总体各单位按一定标志或次序排列成为图形或一览表式（也就是通常所说的排队），然后任意抽取总体中的某个单位作为起点，按相等的距离或间隔抽取样本单位。这种抽样方法的特点是，抽出的单位在总体中是均匀分布的，而且抽取的样本可少于纯随机抽样。测土配方施肥要求每个实施县均要进行农户调查，每个县相对集中选2～3个典型乡（镇），每个乡（镇）选择3～5个村，每村选择10～20户。

下面介绍具体抽样的方法：以某县为例，假设该县辖15个乡（镇）。

第一阶段采用随机等距方法抽取被调查乡镇。即采取随机抓阄的方法进行15个乡（镇）的排序，按照抓阄的顺序将15个乡（镇）编为1～15号，随机抽取一个乡（镇），假设抽中了序号为4的乡（镇），再按对称等距的方法，分别间距4个序号，抽选的序号为9和14，这样，序号为4、9和14的乡（镇）就作为本次调查的目标乡（镇）；若抽中的乡（镇）序号为12，那么调查的目标乡（镇）就的序号为2、7和12。如果被调查县所辖乡（镇）数量少于10个，就随机抓阄找出3个乡（镇）。如果被调查县所辖乡（镇）数量介于10～15之间，那么对称间距就采用3个序号。如果被调查县所辖乡（镇）数量大于15个，对称间距就采用5个序号。

第二阶段在第一阶段确定的3个调查目标乡（镇）内按照随机取点、对称间距的方法抽取调查目标村，方法与由县抽取乡（镇）的方法完全相同。

第三阶段采用简单随机抽样的方法确定调查农户，即在第二阶段确定的调查目标村内随机地抽取样本农户，假设调查目标村共有500户，那么就将全村所有农户对应户主姓名进行编号为1～500的排序，从1～500个号码中随机任意抽选10～12个农户，作为最终的调查农户。

（2）*调查农户数据的获取方法* 当被调查农户确定后，接下来的工作是收集农户（地块）施肥的信息和数据。数据收集的主要途径是填写问卷，即调查员与被调查者采取面对面形式，调查员提问，被调查者回答的一种调查方式。这种方式的优点是可提高调查的回答率，可提高调查数据的质量，能减少数据搜集所花费的时间。这种调查方法的缺点是调查的成本较高，调查过程的质量控制有一定难度。

测土配方施肥中农户调查有两类，一类是一次性调查，主要是了解一年的情况，即采用一次性面访式问卷调查的方法，与被调查农户户主进行一次性的访谈，并填写事先准备好的调查表格。另一类是跟踪调查，要跟踪调查一部分农户的施肥管理等情况，跟踪年限是5年。这类农户数据的获取与当地技术力量和农户条件有关，最好的办法是农户自己详细记载作物生产和管理情况，技术人员定期到农户家收集和校验记载数据。如果农户不能记载，则需要技术人员定期到农户家访谈，记录和收集数据。

（3）注意事项 农户调查是测土配方施肥行动中非常重要的工作，它涉及大量的数据和信息。由于农户生产情况千差万别，文化水平参差不齐，数据质量好坏和数据的处理分析就成了这项工作成败的关键，因此在调查中要注意一下以下几个问题：

①调查农户代表性。农户是否有代表性，直接关系到最后结果是否真正反映了当地情况，因此，在选取农户时一定要按照农户抽样要求，不能为了方便而随便找一些农户进行调查。

②数据真实性。保证数据的真实性是调查成功与否的关键，也是实施调查中比较大的难题。原则上调查员由技术人员担任，调查前要经过培训。农户调查问卷要由调查员在与农民交谈过程中填写，调查员应对数据进行多途径核实，不能轻易将调查表交给农民填写。

③数据的准确性。数据的准确性不但涉及农户调查获取数据的过程，也涉及数据的处理和分析。农户调查中要注意避免出现一些常见的错误：一是数据单位问题，要经常检查农民的数据单位与调查表中单位是否一致，如千克和斤*的区别、单位量（如单产）和总量（如总产）的区别等。二是名称问题，对于作物、化肥等名称，农民的叫法千差万别，但调查员在填表时要尽量统一，否则会给数据录入和统计分析带来很多麻烦。三是数量问题，农民很多时候无法给出准

---

* 斤为非法定计量单位，1斤＝0.5千克。

确数量，而是给出一个大约值，这时需要调查员进一步核实，如作物产量，有的农民可能只告诉收获了几袋粮食，这时需要亲自看看袋子大小，甚至称量一下；还有的化肥用量不清，但知道用了几袋，调查人员可以根据面积和每袋重量来判断。

2. 调查数据的统计与利用 调查数据的统计与利用是一项非常重要的工作，利用这些数据不但可以评价测土配方施肥的效果，也可以了解本地区作物总体施肥情况，并找出农户施肥中存在的问题，了解农户在某个地区或某个作物上长期施肥习惯和施肥量的变化，从而更好地进行不同环节的肥料调控；还可以用以评价测土配方施肥的准确性，进而检验测土配方施肥的技术水平。

农户施肥调查表数据的整理和初步分析。因数据分析目的不同，选取的计算指标也不同。通常选取一些与产量和施肥有关的指标如油菜产量、氮磷钾用量、氮磷钾比例、底肥和追肥比例、主要肥料品种、有机肥用量、有机无机肥料养分比例、肥料成本等进行计算。一般需要计算各个指标的平均数、农户样本分布等。平均数反映了当地的平均水平，可以从总体上来看当地指标是高了还是低了。农户样本分布反映了农户的差异程度，可以看出有多少农户的指标超量，有多少合理，有多少不足。

①油菜产量。在农户调查中，作物实际产量是以单位面积产量表示。计算当地平均产量有两种方法，一种是直接用样本农户平均，这是简单平均数；另一种是将各个农户的单产乘以面积加和，然后除以总面积，得到加权平均数。当样本农户作物面积差别不大时，两种方法结果差异不大；但当样本农户面积和产量都差异很大时，两种结果会有差别，建

议采用加权平均数。

②油菜种植中氮磷钾养分投入量。调查中有实际化肥氮磷钾投入量的数据，也是以单位面积用量表示，它是由施用的各种肥料进行折纯而来。折纯方法是每种肥料的数量分别乘以其氮磷钾含量，将这种作物的所有肥料的氮磷钾折纯量加和，即为该户（或地块）这一作物上氮磷钾的平均投入量。与产量一样，氮磷钾养分投入量应该计算加权平均数作为该地区这种作物的平均施肥量。也可以对所有农户平均施肥量进行分组，计算各组样本数，可得样本分布表或图。

③油菜生产氮磷钾比例。根据上面的氮磷钾用量就可以计算油菜作物的氮磷钾比例，除了计算平均量，还可以分析氮磷钾比例的分布状况，或者根据一定指标进行分组，然后计算各组的氮磷钾平均比例，进而分析氮磷钾比例与分组指标的关系。

④油菜生产有机无机肥料养分比例。分别计算有机肥和无机肥氮磷钾的平均用量，然后进行比较即可。也可以根据一定指标进行分组，然后计算各组的有机和无机肥料养分数量，进而分析有机和无机肥料养分数量与分组指标的关系。

⑤油菜施肥时期和底追比例。在计算油菜作物施肥量时，可以分别计算底肥和追肥的氮磷钾平均用量，然后分析底追比例的合理程度。

⑥肥料品种。各农户的肥料用量可以不折算成纯养分，而直接计算每一肥料品种的平均用量、施用面积比例等，然后再进行评价。计算方法是将本地区所有农户的该种肥料用量数据乘以各自面积再加和，除以总面积，即可计算得到该地区油菜作物上该种肥料的加权平均用量。将所有施用该种肥料的农户作物面积加和，再除以总调查面积，乘以 100，

即得施用面积比例。

⑦肥料成本。在农户调查表中，肥料成本也是以单位面积数量表示。其计算可以参照上述油菜作物产量的方法进行。

（二）采样测试

测土是制定肥料配方的重要依据，按照农业部《测土配方施肥技术规范（试行）》要求，在全县范围内统筹规划，合理布点，平均每100～200亩左右耕地采集1个土样（各地根据实际情况进行相应调整，丘陵山区30～80亩、平原区100～500亩采集1个土样）。对采集土壤样品进行分析化验，为制定配方和田间校正试验提供基础数据。

1. 样品采集与制备 采样人员要具有一定采样经验，熟悉采样方法和要求，了解采样区域农业生产情况。采样前，要收集采样区域土壤图、土地利用现状图、行政区划图等资料，绘制样点分布图，制订采样工作计划，准备GPS、采样工具、采样袋（布袋、纸袋或塑料网袋）、采样标签等。

（1）土壤样品采集 土壤样品采集应具有代表性和可比性，并根据不同分析项目采取相应的采样和处理方法。

①采样规划。采样点的确定应在全县范围内统筹规划。在采样前，综合土壤图、土地利用现状图和行政区划图，并参考第二次土壤普查采样点位图确定采样点位，形成采样点位图。实际采样时严禁随意变更采样点，若有变更须注明理由。其中用于耕地地力评价的土样样品采样点在全县范围内布设，采样数量应为总采样数量的10%～15%，但不得少于400个，并在第一年全部完成耕地地力评价的土壤采样工作。

②采样单元。根据土壤类型、土地利用、耕作制度、产量水平等因素，将采样区域划分为若干个采样单元，每个采样单元的土壤性状要尽可能均匀一致。

平均每个采样单元为100～200亩（平原区100～500亩采1个样，丘陵区30～80亩采1个样）。为便于田间示范跟踪和施肥分区，采样集中在位于每个采样单元相对中心位置的典型地块（同一农户的地块），采样地块面积为1～10亩。有条件的地区，可以农户地块为土壤采样单元。采用GPS定位，记录经纬度，精确到0.1″。

③采样时间。在油菜作物收获后或播种施肥前采集，一般在秋后。进行氮肥追肥推荐时，应在追肥前或油菜生长的关键时期采集。

④采样周期。同一采样单元，无机氮及植株氮营养快速诊断每季或每年采集1次；土壤有效磷、速效钾等一般2～3年采集1次；中、微量元素一般3～5年采集1次。

⑤采样深度。油菜采样深度为0～20厘米，用于土壤无机氮含量测定的采样深度应根据油菜品种、不同生育期的主要根系分布深度来确定。

⑥采样点数量。要保证足够的采样点，使之能代表采样单元的土壤特性。采样必须多点混合，每个样品取15～20个样点。

⑦采样路线。采样时应沿着一定的线路，按照“随机”、“等量”和“多点混合”的原则进行采样。一般采用“S”形布点采样。在地形变化小、地力较均匀、采样单元面积较小的情况下，也可采用“梅花”形布点取样。要避开路边、田埂、沟边、肥堆等特殊部位。蔬菜地混合样点的样品采集要根据沟、垄面积的比例确定沟、垄采样点数量。果园采样

要以树干为原点向外延伸到树冠边缘的2/3处采集，每株对角采2点。

⑧采样方法。每个采样点的取土深度及采样量应均匀一致，土样上层与下层的比例要相同。取样器应垂直于地面入土，深度相同。用取土铲取样应先铲出一个耕层断面，再平行于断面取土。所有样品都应采用不锈钢取土器采样。

⑨样品量。混合土样以取土1千克左右为宜（用于推荐施肥的为0.5千克，用于田间试验和耕地地力评价的为2千克以上，长期保存备用），可用四分法将多余的土壤弃去。方法是将采集的土壤样品放在盘子里或塑料布上，弄碎、混匀，铺成正方形，划对角线将土样分成4份，把对角的两份分别合并成1份，保留1份，弃去1份。如果所得的样品依然很多，可再用四分法处理，直至所需数量为止。

⑩样品标记。采集的样品放入统一的样品袋，用铅笔写好标签，内外各一张。

（2）土壤样品制备

①新鲜样品。某些土壤成分如二价铁、硝态氮、铵态氮等在风干过程中会发生显著变化，必须用新鲜样品进行分析。为了能真实反映土壤在田间自然状态下的某些理化性状，新鲜样品要及时送回室内进行处理分析，用粗玻璃棒或塑料棒将样品混匀后迅速称样测定。

新鲜样品一般不宜贮存，如需要暂时贮存，可将新鲜样品装入塑料袋，扎紧袋口，放在冰箱冷藏室或进行速冻保存。

②风干样品。从野外采回的土壤样品要及时放在样品盘上，摊成薄薄一层，置于干净整洁的室内通风处自然风干，

严禁暴晒，并注意防止酸、碱等气体及灰尘的污染。风干过程中要经常翻动土样并将大土块捏碎以加速干燥，同时剔除侵入体。

风干后的土样按照不同的分析要求研磨过筛，充分混匀后，装入样品瓶中备用。瓶内外各放标签一张，写明编号、采样地点、土壤名称、采样深度、样品粒径、采样日期、采样人及制样时间、制样人等项目。制备好的样品要妥善贮存，避免日晒、高温、潮湿和酸碱等气体的污染。全部分析工作结束，分析数据核实无误后，试样一般还要保存3～12个月，以备查询。田间试验等有价值、需要长期保存的样品，须保存于广口瓶中，用蜡封好瓶口。

1）一般化学分析试样。将风干后的样品平铺在制样板上，用木棍或塑料棍碾压，并将植物残体、石块等侵入体和新生体剔除干净。细小已断的植物须根，可采用静电吸附的方法清除。压碎的土样用2毫米孔径筛过筛，未通过的土粒重新碾压，直至全部样品通过2毫米孔径筛为止。通过2毫米孔径筛的土样可供pH、盐分、交换性能及有效养分等项目的测定。

将通过2毫米孔径筛的土样用四分法取出一部分继续碾磨，使之全部通过0.25毫米孔径筛，供有机质、全氮、碳酸钙等项目的测定。

2）微量元素分析试样。用于微量元素分析的土样，其处理方法同一般化学分析样品，但在采样、风干、研磨、过筛、运输、贮存等环节，不要接触容易造成样品污染的铁、铜等金属器具。采样、制样推荐使用不锈钢、木、竹或塑料工具，过筛使用尼龙网筛等。通过2毫米孔径尼龙筛的样品可用于测定土壤有效态微量元素。

3）颗粒分析试样。将风干土样反复碾碎，用2毫米孔径筛过筛。留在筛上的碎石称量后保存，同时将过筛的土壤称重，计算石砾质量百分数。将通过2毫米孔径筛的土样混匀后盛于广口瓶内，用于颗粒分析及其他物理性状测定。

若风干土样中有铁锰结核、石灰结核或半风化体，不能用木棍碾碎，应首先将其细心捡出称量保存，然后再进行碾碎。

（3）植物样品的采集与制备

①采样要求。植物样品分析的可靠性受样品数量、采集方法及植株部位影响，因此，采样应具有：

——代表性：采集样品能符合群体情况，采样量一般为1千克。

——典型性：采样的部位能反映所要了解的情况。

——适时性：根据研究目的，在不同生长发育阶段定期采样。

——粮食作物一般在成熟后收获前采集籽实部分及秸秆；发生偶然污染事故时，在田间完整地采集整株植株样品；水果及其他植株样品根据研究目的确定采样要求。

②样品采集。油菜样品包括籽粒、角壳、茎秆、叶片等部分。样株选择和采样方法参照粮食作物。鉴于油菜在开花后期开始落叶，至收获期植株上叶片基本全部掉落，叶片的取样应在开花后期，每区采样点不应少于10个（每点至少1株），采集油菜植株全部叶片。

③标签内容。包括采样序号、采样地点、样品名称、采样人、采集时间和样品处理号等。

④采样点调查内容。包括作物品种、土壤名称（或当地俗称）、成土母质、地形地势、耕作制度、前茬作物及产量、化肥农药施用情况、灌溉水源、采样点地理位置简图。果树要记载树龄、长势、载果数量等。

⑤植株样品处理与保存。油菜籽实样品应及时晒干脱粒，充分混匀后用四分法缩分至所需量。需要洗涤时，注意时间不宜过长并及时风干。为了防止样品变质、虫咬，需要定期进行风干处理。使用不污染样品的工具将籽实粉碎，用0.5毫米筛子过筛制成待测样品。测定重金属元素含量时，不要使用能造成污染的器械。

完整的植株样品先洗干净，根据作物生物学特性差异，采用能反映特征的植株部位，用不污染待测元素的工具剪碎样品，充分混匀用四分法缩分至所需的量，制成鲜样或于60℃烘箱中烘干后粉碎备用。

2. 土壤与植物测试

（1）土壤测试

①土壤质地。指测法或比重计法（粒度分布仪法）测定。

②土壤容重。环刀法测定。

③土壤水分

1）土壤含水量。烘干法测定。

2）土壤田间持水量。环刀法测定。

④土壤酸碱度和石灰需要量

1）土壤pH。土液比1∶2.5，电位法测定。

2）土壤交换酸。氯化钾交换——中和滴定法测定。

3）石灰需要量。氯化钙交换——中和滴定法测定。

⑤土壤阳离子交换量。EDTA—乙酸铵盐交换法测定。

⑥土壤水溶性盐分。

1）土壤水溶性盐分总量。电导率法或重量法测定。

2）碳酸根和重碳酸根。电位滴定法或双指示剂中和法测定。

3）氯离子。硝酸银滴定法测定。

4）硫酸根离子。硫酸钡比浊法或 EDTA 间接滴定法测定。

5）钙、镁离子。原子吸收分光光度计法测定。

6）钾、钠离子。火焰光度法或原子吸收分光光度计法测定。

⑦土壤氧化还原电位。电位法测定。

⑧土壤有机质。油浴加热重铬酸钾氧化容量法测定。

⑨土壤氮。

1）土壤全氮。凯氏蒸馏法测定。

2）土壤水解性氮。碱解扩散法测定。

3）土壤铵态氮。氯化钾浸提——靛酚蓝比色法测定。

4）土壤硝态氮。氯化钙浸提——紫外分光光度计法或酚二磺酸比色法测定。

⑩土壤有效磷。碳酸氢钠或氟化铵—盐酸浸提——钼锑抗比色法测定。

⑪土壤钾。

1）土壤缓效钾。硝酸提取——火焰光度计、原子吸收分光光度计法或 ICP 法测定。

2）土壤速效钾。乙酸铵浸提——火焰光度计、原子吸收分光光度计法或 ICP 法测定。

⑫土壤交换性钙镁。乙酸铵交换——原子吸收分光光度计法或 ICP 法测定。

⑬土壤有效硫。磷酸盐—乙酸或氯化钙浸提——硫酸钡比浊法测定。

⑭土壤有效硅。柠檬酸或乙酸缓冲液浸提—硅钼蓝比色法测定。

⑮土壤有效铜、锌、铁、锰。DTPA 浸提—原子吸收分光光度计法或 ICP 法测定。

⑯土壤有效硼。沸水浸提——甲亚胺—H 比色法或姜黄素比色法或 ICP 法测定。

⑰土壤有效钼。草酸—草酸铵浸提——极谱法测定。

(2) 植物测试

①全氮、全磷、全钾。硫酸—过氧化氢消煮，或水杨酸—锌粉还原，硫酸—加速剂消煮，全氮采用蒸馏滴定法测定；全磷采用钒钼黄或钼锑抗比色法测定；全钾采用火焰光度法或原子吸收分光光度计法测定。

②水分。常压恒温干燥法或减压干燥法测定。

③粗灰分。干灰化法测定。

④全钙、全镁。干灰化—稀盐酸溶解法或硝酸—高氯酸消煮，原子吸收分光光度计法或 ICP 法测定。

⑤全硫。硝酸—高氯酸消煮法或硝酸镁灰化法，硫酸钡比浊法或 ICP 法测定。

⑥全硼、全钼。干灰化—稀盐酸溶解，硼采用姜黄素或甲亚胺比色法测定，钼采用石墨炉原子吸收法或极谱法测定。

⑦全量铜、锌、铁、锰。干灰化或湿灰化，原子吸收分光光度计法或 ICP 法测定。

3. 土壤、植株营养诊断 土壤硝态氮田间快速诊断用水浸提，硝酸盐反射仪法测定。

植株营养诊断用最新展开叶叶脉中部榨汁，硝酸盐反射仪法测定。

（三）田间试验

按农业部《测土配方施肥技术规范（试行）》要求，布置田间“3414”试验和校正试验，建立施肥指标体系，为配方设计施肥建议卡制定及施肥指导提供依据。

1. 田间试验准备

（1）人员准备　为了确保试验顺利进行，要对试验进行人员准备。

根据种植茬口和季节安排，20个“3414”试验和20个田间校正试验不可能同时进行，一般是一个种植季节安排10个“3414”试验和10个校正试验。

试验应有总体安排计划，抽调业务能力强的技术人员，每人负责1个“3414”试验和1个校正试验，包括方案编写、田间管理、报告编写等。

（2）资料准备　编写试验方案，包括田间试验计划和种植计划书。

（3）试验地块准备　落实试验田块（务必赶在农户平整打耱田块前落实好试验农户地块），整理土地，划定试验小区，设置保护行，试验小区单灌单排设施的建设等。

（4）肥料准备　施肥是做好肥料田间试验的最重要环节，田间试验一般采用单质肥料，为了做到准确无误，在试验之前应根据试验方案、小区面积和各种肥料的养分含量，计算好每一小区各种肥料的用量，并由他人对计算结果进行复核。

（5）种子准备　小区播种量可按下面公式计算：

$$X=A\times B\times C/667\times 1\,000\times U\times V\times(1-W)$$

式中：X——小区播种量（克）；

A——每亩规定株数；

B——千粒重（克）；

C——小区面积（米^2）；

U——发芽率；

V——净度；

W——田间损失率。

（6）供试土壤养分状况的分析　试验地块施肥播种前用GPS定位经纬度，进行基础土样的采集，调查基本情况，填写技术规范，室内化验供试地块土壤养分等。

（7）标牌准备　为了方便试验田间管理和记载，试验要求在每个小区的第一行前插上试验标牌。

标牌一般用废弃木头棒制作，制成中方、头尖状，中间能标出小区号和处理名称（或代号）即可。

标牌在播种前（或移栽前）插下，直到收获，一直保留在田间。标牌必须字迹清楚，位置准确。

2. 试验设计

（1）试验目的

①“3414”试验目标。

1）一是摸清土壤养分校正系数、土壤供肥能力、不同作物养分吸收量和肥料利用率等基本参数。

2）二是建立肥料效应方程，提出最佳施肥量。

3）三是建立土壤养分丰缺指标和相应的推荐施肥指标。

②校正试验目标。

1）一是施肥技术参数的校正。

2）二是肥料配方效果的验证。

3）三是田间示范推广。

（2）试验设计　肥料效应田间试验设计取决于试验目的。测土配方施肥工作中推荐采用“3414”方案设计，在具体实施过程中可根据研究目的选用“3414”完全实施方案或部分实施方案。

①“3414”完全实施方案。“3414”方案设计吸收了回归最优设计处理少、效率高的优点，是目前应用较为广泛的肥料效应田间试验方案。“3414”是指氮、磷、钾 3 个因素、4 个水平、14 个处理。4 个水平的含义：0 水平指不施肥，2 水平指当地推荐施肥量，1 水平（指施肥不足）＝2 水平×0.5，3 水平（指过量施肥）＝2 水平×1.5。为便于汇总，同一作物、同一区域内施肥量要保持一致。如果需要研究有机肥料和中、微量元素肥料效应，可在此基础上增加处理（表 4－1）。

表 4－1　“3414”试验方案处理（推荐方案）

试验编号	处理	N	P	K
1	$N_0P_0K_0$	0	0	0
2	$N_0P_2K_2$	0	2	2
3	$N_1P_2K_2$	1	2	2
4	$N_2P_0K_2$	2	0	2
5	$N_2P_1K_2$	2	1	2
6	$N_2P_2K_2$	2	2	2
7	$N_2P_3K_2$	2	3	2
8	$N_2P_2K_0$	2	2	0
9	$N_2P_2K_1$	2	2	1
10	$N_2P_2K_3$	2	2	3

（续）

试验编号	处理	N	P	K
11	$N_3P_2K_2$	3	2	2
12	$N_1P_1K_2$	1	1	2
13	$N_1P_2K_1$	1	2	1
14	$N_2P_1K_1$	2	1	1

该方案可应用 14 个处理进行氮、磷、钾三元二次效应方程拟合，还可分别进行氮、磷、钾中任意二元或一元效应方程拟合。

例如：进行氮、磷二元效应方程拟合时，可选用处理 2～7、11、12，求得在以 K_2 水平为基础的氮、磷二元二次效应方程；选用处理 2、3、6、11 可求得在 P_2K_2 水平为基础的氮肥效应方程；选用处理 4、5、6、7 可求得在 N_2K_2 水平为基础的磷肥效应方程；选用处理 6、8、9、10 可求得在 N_2P_2 水平为基础的钾肥效应方程。此外，通过处理 1，可以获得基础地力产量，即空白区产量。

其具体操作参照有关试验设计与统计技术资料。

②“3414”部分实施方案。试验氮、磷、钾某一个或两个养分的效应，或因其他原因无法实施“3414”完全实施方案，可在“3414”方案中选择相关处理，即“3414”的部分实施方案。这样既保持了测土配方施肥田间试验总体设计的完整性，又考虑到不同区域土壤养分特点和不同试验目的要求，满足不同层次的需要。如有些区域重点要试验氮、磷效果，可在 K_2 做肥底的基础上进行氮、磷二元肥料效应试验，但应设置 3 次重复。具体处理及其与“3414”方案处理编号对应列于表 4-2。

在肥料试验中，为了取得土壤养分供应量、作物吸收养分量、土壤养分丰缺指标等参数，一般把试验设计为5个处理：空白对照（CK）、无氮区（PK）、无磷区（NK）、无钾区（NP）和氮、磷、钾区（NPK）。这5个处理分别是“3414”完全实施方案中的处理1、2、4、8和6。如要获得有机肥料的效应，可增加有机肥处理区（M）；试验某种中（微）量元素的效应，在NPK基础上，进行加与不加该中（微）量元素处理的比较。试验要求测试土壤养分和植株养分含量，进行考种和计产。试验设计中，氮、磷、钾、有机肥等用量应接近肥料效应函数计算的最高产量施肥量或用其他方法推荐的合理用量（表4-3）。

表4-2 氮、磷二元二次肥料试验设计与“3414”方案处理编号对应

处理编号	“3414”方案处理编号	处理	N	P	K
1	1	$N_0P_0K_0$	0	0	0
2	2	$N_0P_2K_2$	0	2	2
3	3	$N_1P_2K_2$	1	2	2
4	4	$N_2P_0K_2$	2	0	2
5	5	$N_2P_1K_2$	2	1	2
6	6	$N_2P_2K_2$	2	2	2
7	7	$N_2P_3K_2$	2	3	2
8	11	$N_3P_2K_2$	3	2	2
9	12	$N_1P_1K_2$	1	1	2

上述方案也可分别建立氮、磷一元效应方程。

表 4-3　常规 5 处理试验设计与“3414”方案处理编号对应表

	“3414”方案处理编号	处理	N	P	K
空白对照	1	$N_0P_0K_0$	0	0	0
无氮区	2	$N_0P_2K_2$	0	2	2
无磷区	4	$N_2P_0K_2$	2	0	2
无钾区	8	$N_2P_2K_0$	2	2	0
氮磷钾区	6	$N_2P_2K_2$	2	2	2

③校正（对比）试验设计　对比（校正）试验采用 3 处理方案设计：对照、习性施肥、配方施肥。其中：测土配方施肥、农民常规施肥两个处理面积不少于 200 米^2、空白（不施肥）处理不少于 30 米^2。

（3）“3414”试验设计需要注意的问题

①“3414”试验中第二个水平（相对合理施肥量）确定方法。“3414”试验中氮、磷、钾（$N_2P_2K_2$）第二个水平的确定非常重要。这是因为，如果第二个水平太低，就有可能造成得到的方程出现外推的情况（最佳施肥量超出第二水平）；如果第二个水平太高，又会造成设计的施肥水平离最佳施肥量太远，不能准确地捕捉到最佳施肥量。

确定方法：ⓐ应大量、系统地归纳和总结近年来的田间试验结果，并根据田间试验可能获得的目标产量来设计第二个水平施肥量；ⓑ根据当地中等偏上地连续 3 年平均产量可能获得的目标产量来设计第二个水平施肥量。

②试验点按高、中、低肥力水平均匀分布，其中高肥力 3 个试验、中肥力 4 个试验、低肥力 3 个试验。

③试验高、中、低肥力地块一定要选择准确，否则试验

结果接近，试验数据回归分析为直线而不是曲线，达不到通过试验曲线找养分丰缺指标的目的，试验基本失败。高肥力地要选当地肥力特别高地块，低肥力地要选肥力特别低地块。

④基追比例确定。总体原则：不要求“十全大补丸”“一炮轰”式的施肥，要求做到数量上匹配、时间上同步、空间上一致的“因缺补缺”原则。一般遵循：磷肥100%做基肥一次性施入；钾肥80%～90%作为基肥，10%～20%作追肥；氮肥60%～70%作基肥，30%～40%在关键时期分2～3次作追肥施用。在配方时一定要考虑到追、基肥的比例。

3. 试验实施

（1）试验地块选择　一般综合考虑下面几个因素选择试验地块：

①试验地要有代表性。要使田间试验具有代表性，首先试验地要有代表性。即试验地的气候、土质、土壤肥力、栽培管理水平等要能代表本地区大部分高、中、低肥力地块的基本特点，便于试验结果能够较有把握地推广使用。

②试验地肥力要均匀一致。肥力均匀是提高试验精度的首要条件，肥力的差异可能掩盖处理效应，导致试验失败甚至得出错误结论。一般有斑块状肥力差异的田块最好不要选作试验田。

③试验地要平坦。试验地最好安排在平坦的田地进行，因为试验地不平，一方面土壤肥力很难一致，另一方面排灌也很困难，水田严格要求田块平坦，以防灌水深浅不一，影响作物生长。不得已的情况下，也可采用略有倾斜的坡地，但必须是向一个方向缓倾。在坡地上试验，须特别注意重复

和小区的排列，务使同一重复的各小区设置在同一等高线上，肥力和排水状况较为一致。

④试验地位置要适当。试验地要尽量避开树木、建筑物、沟渠、水塘、肥坑、道路等，以免造成土壤肥力和气候条件的不一致性。还要注意家禽、家畜的危害，最好离居民点和畜舍远些，也不宜太远造成管理和观察记载的不便。

⑤试验地要有足够的面积和合适的形状。能充分合理地安排整个试验，在试验面积和形状受到限制的情况下，可适当变动试验的方案设计和方法设计，使之适应试验地的特点。

试验地初步确定以后，必须采集土样作基础土壤基本理化性状的测定，如土壤全氮，有机质，有效氮、磷、钾养分含量，pH 等，一般仅作耕层土壤分析。

（2）试验作物

①种子要求。作为供试材料的种子，必须是同一来源质量优良的种子。

②种子准备。在播种前一个月左右应进行粒选或筛选，以提高种子的质量和整齐度。按照唯一的差异原则，播种后必须保证各个小区达到相同数量的株数。

（3）肥料品种选择　“3414”试验用肥为单质肥料，同一试验中必须施用同一种氮、磷、钾肥料品种，并严格按照养分标准含量折算。

（4）试验地块准备　整地、设置保护行、试验地区划；小区单灌单排，避免串灌串排；试验前多点采集土壤样品；依测试项目不同，分别制备新鲜或风干混合土样。

（5）试验重复与小区排列　“3414”完全试验不设重复，采用随机区组排列，区组内土壤、地形等条件应相对一致，区组间允许有差异。小区面积一般为 20～50 米²，小区宽度不小于 4 米。试验地周围设 1 米保护行。田间小区留观察道，田间小区排列示意如下：

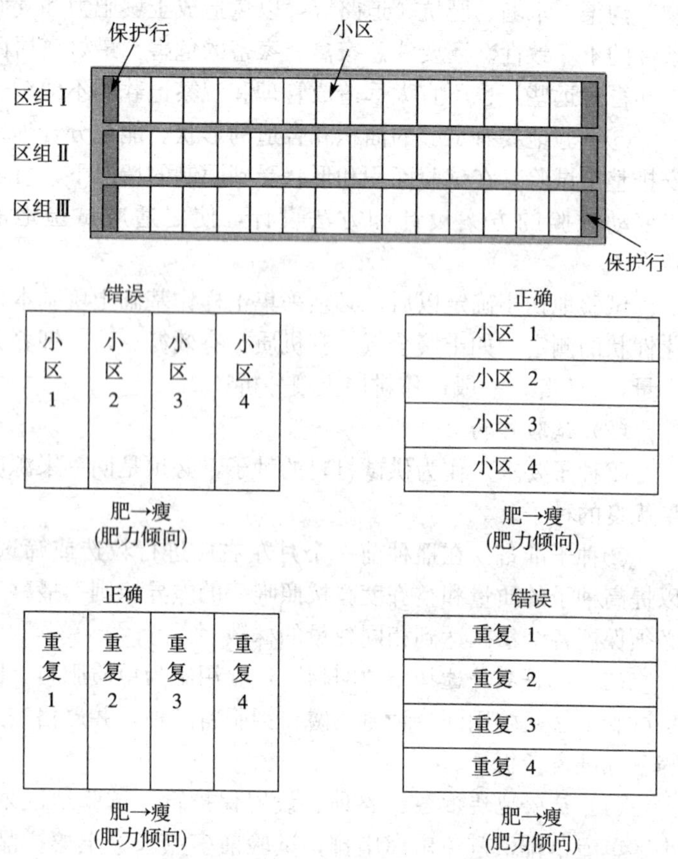

（6）施肥

①称量。完成肥料准备后，用天平分别称出各小区每种肥料的用量，分别装入纸袋或塑料袋中，在袋上写明重复

号、小区号和处理名称，以备施用。应注意保留供试肥料样品，以备在必要时测定其养分含量。

②基肥。施用底肥前将每一小区的肥料按照田间种植图，放置在小区的标牌旁，经核对证明无误后方可施用。施肥时应力求均匀，最好由 1 人完成，避免人数太多造成施肥不匀。

③追肥。追肥时，除力求撒得均匀外，还需注意不在大风下撒施，也不宜在有露水的早晨或雨后植株上有水滴时进行，以防烧苗。

（7）田间管理　除了施肥管理措施之外，其他各项田间管理措施应保持一致，且符合生产要求，由专人在同一天内完成。

①播种或移栽。播种是做好田间试验的重要环节，应做到准确无误，切忌出现差错。播种前将每一小区的种子袋按照田间种植图，放置在小区的标牌旁，经核对证明无误后方可开沟播种。开沟要直，深度一致，保证各小区的行长相等。撒种时要力求种子分布均匀，覆土厚度要一致，保证出苗整齐均匀。播完的种子袋仍放回原处，待播完 14 个小区经核对无误后收回空袋。如发现错误，应在记载本上作相应改正并注明。播种工作应按小区进行，播完一个小区，再播另一个小区，所有小区播完后再播保护行。同一试验要求在 1 天内播完。

②栽培管理。试验田均应按常规进行管理，在执行各项管理措施时除了试验设计所规定的处理差异外，其他管理措施应力求质量一致。

1）中耕管理。应尽可能用畜力或机械中耕，除草应尽可能使用除草剂，以便在较短时间内完成这些作业。人工作业应按垂直于小区方向进行。

2）排灌管理。水田试验需考虑各个小区应有独立的进水和排水口，做到单排单灌。试验地的局部积水和沟渠漏水都会造成试验地水分不均匀，应尽力避免。

3）病虫害防治。试验地上的一切病虫害都应及时防治。药剂用量、喷药质量、时间等也要贯彻局部控制的原则。

(8) 田间记载　在作物生长发育过程中进行系统的、正确的观察记载，掌握丰富的第一手资料，为得出规律性的认识提供依据。

①试验地基本情况记载。

1）包括：地址信息：省、县、乡、村、邮编、地块、农户姓名。

2）位置信息：经度、纬度、海拔。

3）土壤分类信息：土类、亚类、土属、土种。

4）土壤信息：土壤质地（砂土、壤土、黏土）、土层厚度（≥60 厘米、30～60 厘米、＜30 厘米）和土壤障碍因素(易旱、易涝、盐害、碱害)。

5）试验气象因素：多年平均及当年气温、降水、日照和湿度等气候数据。

6）前茬作物施肥情况：调查氮肥、磷肥、钾肥、有机肥等肥料种类、用量和价格。

②田间农事操作的记载。任何田间管理和其他农事操作都在不同程度上改变植物生长发育的外界条件，因而也会引起植物的相应变化。因此，详细记载整个试验过程中的农事操作，如整地、施肥、播种、中耕、除草、防治病虫害等，将每一项操作的日期、数量、方法等记录下来，有助于正确分析试验结果。

③植物生育动态的记载。生育期记载的主要目的，在于了解不同处理的生长发育进度，并以此推测适宜的品种，选择适宜的农事操作和茬口安排等，是田间观察记载的主要内容。

生育期的记载包括性状和特性的观测记载。性状可包括植株性状（如株高、茎粗、叶片数、叶面积和根系性状等）、产量性状（如穗数、粒数、粒重、收获指数等）、品质性状（如蛋白质含量、维生素含量、纤维长度等）；特性是指植物的生理特性，如抗旱性、抗寒性、抗病虫性、光合特性等。

④养分测试记载。

1）土壤养分测试。包括试验前基础土样和试验收获后各处理土样。

2）植株养分测试。有机质、全氮、无机氮、有效磷、速效钾、pH 等土壤理化性状，必要时进行植株营养诊断和中、微量元素测定等。

⑤收获、考种。田间试验的收获和考种应分小区进行，严防发生混杂、丢失和差错，以免影响试验的效果。

1）准备。收获前须先准备好收获、脱粒用的材料和工具，如绳索、标牌、布袋、纸袋、脱粒机、晾晒工具等。

2）收获。收获时先收试验地周围的保护行（小区两边各一行和两端部分）和小区中不计产的部分，并将这部分植株运出试验地。再从小区中按规定采集室内考种用的样本，然后以小区为单位进行收获。小区的收获要求：B1. 收得干净，随收随捆；B2. 每捆挂上两个标牌，用铅笔写明重复号、小区号、处理名称和捆号；B3. 小区的捆数应记在试验记载本上；B4. 如各小区的成熟期不同，则应先熟先收，未成熟的小区以后再收。

3）脱粒。试验收获后应及时脱粒，以减少种子的丢失和混杂。若种子尚未充分干燥，需经晾晒后再脱粒。脱粒应严格按小区分区脱粒。脱粒后的种子分小区装入布袋，袋内外各放一标牌，以待称重。称重时不要忘了把取作室内考种样本的那部分产量加到各有关小区。袋内的种子称重后仍需妥善保存，直到产量分析完毕后方可挪作他用。

4）晾晒。为使小区产量能相互比较，试验收获脱粒后，需将种子晒干或烘干，使其达到标准含水量后方可称重。在特殊情况下也可以将未达到标准含水量的种子，经含水量测定后称重，然后将小区产量折算成标准含水量下的产量。

5）室内考种。试验调查的全部项目，有的需要在作物生育期间在田间进行调查，有的则需在试验收获后在室内进行测定或鉴定，在室内进行的测定或鉴定称为室内考种。室内考种的样本要在作物成熟后收获前采取。

田间采取样本时，一般需将样点内的全部植株连根拔起，并把每个样点的植株捆成一捆，挂上两个标签，写明试验名称、重复号、小区号、处理名称和样点号。小区试验一般每个小区只采 1 个样点。

要进行室内考种的项目有种子千粒重、结实率、种子成分分析及品质分析等。

4. 试验统计分析　“3414”试验方案设计属于二次回归设计，试验结果需进行二次肥料效应方程的拟合、回归分析及方差分析。试验分析可参考有关“3414”试验统计分析软件或中国肥料信息网“下载专区”中下载“3414 田间试验设计与数据分析管理系统（版本 2.0)”。

下面以 Excel 为例介绍“3414”试验的数据统计分析。

设氮、磷、钾肥施肥量分别与码值方案的 x^1、x^2、x^3 对应，即“3414”设计的码值方案和结构矩阵。该方案的主要特点是，它不仅可以用于建立三元二次肥料效应方程，而且还可以建立二元二次或一元二次肥料效应方程，因而增加了试验信息量。即使某一个或几个处理遭受破坏，仍可以获得一些用于施肥决策的有价值试验结果。例如，通过处理4～10，12，可以建立以 N_2 水平（x_1 的 2 水平）为基础的磷、钾二元二次肥料效应方程；通过处理 2，3，6，8，9，10，11，13，可以建立以 P_2 水平（x_2 的 2 水平）为基础的氮、钾二元二次肥料效应方程；通过处理 2～7，11，14，可以建立以 K_2 水平（x_3 的 2 水平）为基础的氮、磷二元二次肥料效应方程。该方案的另一优点是码值取整数，便于实施，且具有直观可比性，便于示范（表 4-4）。

表 4-4　“3414”设计的码值方案和结构矩阵

处理号	x_0	x_1	x_2	x_3	x_1^2	x_2^2	x_3^2	x_1x_2	x_1x^3	x^2x^3
1	1	0	0	0	0	0	0	0	0	0
2	1	0	2	2	0	4	4	0	0	4
3	1	1	2	2	1	4	4	2	2	4
4	1	2	0	2	4	0	4	0	4	0
5	1	2	1	2	4	1	4	2	4	2
6	1	2	2	2	4	4	4	4	4	4
7	1	2	3	2	4	9	4	6	4	6
8	1	2	2	0	4	4	0	4	0	0
9	1	2	2	1	4	4	1	4	2	2
10	1	2	2	3	4	4	9	4	2	6
11	1	3	2	2	9	4	4	6	6	4
12	1	2	1	1	4	1	1	2	2	1
13	1	1	2	1	1	4	1	2	1	2
14	1	1	1	2	1	1	4	1	2	2

如果“3414”方案完全实施并没有发生某些处理数据缺损的现象，则采用三元二次肥料效应模型进行拟合时，得出最佳施肥配方。所采用的方程为：

$$y=b_0+b_1x_1+b_2x_1^2+b_3x_2+b_4x_2^2+b_5x_3+b_6x_3^2+b_7x_1x_2+b_8x_1x_3+b_9x_2x_3$$

方差分析表明施肥有增产效果时，采用模型进行拟合；方差分析表明施肥不增产时，推荐施肥量为 0。下面以“3414”冬小麦肥料试验数据为例，利用 Excel 进行三元二次肥料效应拟合。

第一步，在 Excel 表格中输入“3414”冬小麦肥料实施方案及田间试验的产量结果。

编号	N（x_1）	P（x_2）	K（x_3）	产量
1	0	0	0	300
2	0	8	10	351
3	8	8	10	399
4	16	0	10	421
5	16	4	10	432
6	16	8	10	441
7	16	12	10	419
8	16	8	0	405
9	16	8	5	410
10	16	8	15	420
11	24	8	10	412
12	8	4	10	412
13	8	8	5	432
14	16	4	5	425

第二步，计算 x_1^2、x_2^2、x_3^2、x_1x_2、x_1x_3、x_2x_3

编号	N（x_1）	P（x_2）	K（x_3）	x_1^2	x_2^2	x_3^2	x_1x_2	x_1x_3	x_2x_3	产量
1	0	0	0	0	0	0	0	0	0	300
2	0	8	10	0	64	100	0	0	80	351
3	8	8	10	64	64	100	64	80	80	399
4	16	0	10	256	0	100	0	160	0	421
5	16	4	10	256	16	100	64	160	40	432
6	16	8	10	256	64	100	128	160	80	441
7	16	12	10	256	144	100	192	160	120	419
8	16	8	0	256	64	0	128	0	0	405
9	16	8	5	256	64	25	128	80	40	410
10	16	8	15	256	64	225	128	240	120	420
11	24	8	10	576	64	100	192	240	80	412
12	8	4	10	64	16	100	32	80	40	412
13	8	8	5	64	64	25	64	40	40	432
14	16	4	5	256	16	25	64	80	20	425

第三步，打开工具下拉菜单→数据分析→回归，确定。

第四步，在“y 值输入区域”输入产量，“x 值输入区域”输入 x_1、x_2、x_3、x_1^2、x_2^2、x_3^2、x_1x_2、x_1x_3、x_2x_3，若将表头也选中，在标志框处打“√”，并选择任意位置为输出区域，确定，即可得到包含 3 张表的输出结果。

第一张表是回归统计表。包括以下几部分内容：Multiple R（复相关系数 R）：R^2 的平方根，又称为相关系数，它用来衡量变量 x 和 y 之间相关程度的大小。本例中：R 为 0.980 116，表示二者之间的关系是高度正相关。

R Square（复测定系数 R^2）：用来说明用自变量解释因变

编号Code	N(x_1)	P(x_2)	K(x_3)	x_1^2	x_2^2	x_3^2	x_1x_2	x_1x_3	x_2x_3	产量
1	0	0	0	0	0	0	0	0	0	300
2	0	8	10	0	64	100	0	0	80	351
3	8	8	10	64	64	100	64	80	80	399
4	16	0	10	256	0	100	0	160	0	421
5	16	4	10	256	16	100	64	160	40	432
6	16	8	10	256	64	100	128	160	80	441
7	16	12	10	256	144	100	192	160	120	419
8	16	8	0	256	64	0	128	0	0	405
9	16	8	5	256	64	25	128	80	40	410
10	16	8	15	256	64	225	128	240	120	420
11	24	8	10	576	64	100	192	240	80	412
12	8	4	10	64	16	100	32	80	40	412
13	8	8	5	64	64	25	64	40	40	432
14	16	4	5	256	16	25	64	80	20	425

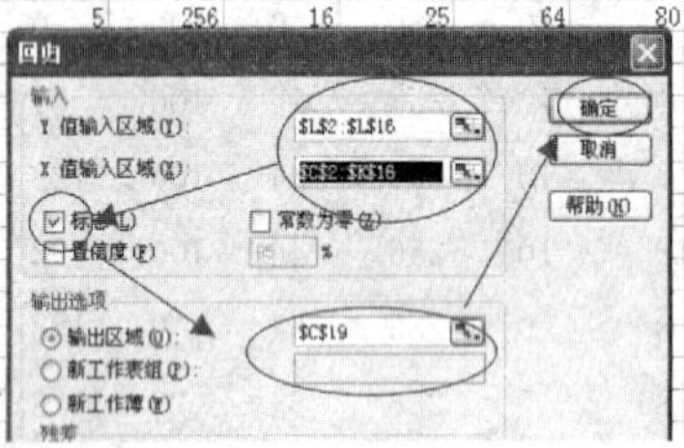

回归

输入

Y 值输入区域(Y): $L$2:$L$16

X 值输入区域(X): $C$2:$K$16

☑ 标志(L) ☐ 常数为零(Z)

☐ 置信度(F) 95 %

输出选项

◉ 输出区域(O): $C$19

○ 新工作表组(P):

○ 新工作薄(W)

残差

确定 取消 帮助(H)

SUMMARY OUTPUT

回归统计	
Multiple	0.980116
R Square	0.960628
Adjusted	0.87204
标准误差	13.28303
观测值	14

方差分析

	df	SS	MS	F	gnificance F
回归分析	9	17219.46	1913.273	10.84384	0.017485
残差	4	705.7551	176.4388		
总计	13	17925.21			

	Coefficien	标准误差	t Stat	P-value	Lower 95%	Upper 95%	下限 95.0%	上限 95.0%
Intercept	301.7688	13.21973	22.82715	2.18E-05	265.065	338.4727	265.065	338.4727
N(x1)	8.096014	3.338397	2.42512	0.072361	-1.17286	17.36489	-1.17286	17.36489
P(x2)	15.39657	6.676795	2.305983	0.082395	-3.14118	33.93433	-3.14118	33.93433
K(x3)	3.544531	5.341436	0.663591	0.543244	-11.2857	18.37473	-11.2857	18.37473
x12	-0.32668	0.0833	-3.92172	0.017223	-0.55796	-0.0954	-0.55796	-0.0954
x22	-0.46581	0.333201	-1.398	0.234656	-1.39093	0.459301	-1.39093	0.459301
x32	-0.36176	0.213249	-1.69641	0.165048	-0.95383	0.230316	-0.95383	0.230316
x1x2	-0.30181	0.377616	-0.79925	0.468918	-1.35024	0.746623	-1.35024	0.746623
x1x3	0.474463	0.302093	1.570584	0.19137	-0.36428	1.313208	-0.36428	1.313208
x2x3	-0.56017	0.604186	-0.92714	0.406331	-2.23766	1.117324	-2.23766	1.117324

量变差的程度，以测量同因变量 y 的拟合效果。复测定系数为 0.960 628，表明用自变量可解释因变量变差的 96.062 8%。

Adjusted R Square（调整复测定系数 R^2）：仅用于多元回归才有意义，它用于衡量加入独立变量后模型的拟合程度。当有新的独立变量加入后，即使这一变量同因变量之间不相关，未经修正的 R^2 也要增大，修正的 R^2 仅用于比较含有同一个因变量的各种模型。

标准误差：又称为标准回归误差或叫估计标准误差，它用来衡量拟合程度的大小，也用于计算与回归有关的其他统计量，此值越小，说明拟合程度越好。

观测值：是指用于估计回归方程的数据的观测值个数。

第二张表是方差分析表。主要作用是通过 F 检验来判断回归模型的回归效果。由表中可看出本例 F＝10.843 84 大于 $F_{0.05}$＝5.999 9，说明冬小麦产量与氮、磷、钾肥施用量之间具有显著的回归关系。

第三张表是回归参数表。包含回归参数有：

Intercept：截距 β_0

第二、三行：β_0（截距）和 β_1（斜率）的各项指标。

第二列：回归系数 β_0（截距）和 β_1（斜率）的值。

第三列：回归系数的标准误差

第四列：根据原假设 Ho：$\beta_0=\beta_1=0$ 计算的样本统计量 t 的值。

第五列：各个回归系数的 p 值（双侧）。

第六列：β_0 和 β_1 95％的置信区间的上下限。

由此可得本例三元二次方程为：

$$\hat{y}=301.7688+8.096014x_1+15.39657x_2+3.544531x_3-0.32668x_1^2-0.46581x_2^2-0.36176x_3^2-0.30181x_1x_2+0.174463x_1x_3-0.56017x_2x_3$$

5. 测土配方施肥技术指标体系建立 当前实施测土配方

施肥工作中的一个具体的技术问题是，在20世纪80年代全国配方施肥工作中建立的我国主要土壤类型、主要大田作物的土壤养分丰缺指标和推荐施肥指标，由于20多年来油菜作物产量水平、栽培方式、农民施肥方式和土壤肥力等要素发生了很大变化，原有的技术指标已不能适应目前生产的需求，因此，在全国范围内开展田间试验工作，建立我国不同土壤类型、不同推荐施肥技术指标体系，是做好测土配方施肥工作的关键。

（1）测土配方施肥工作需要建立的技术指标体系　通过“3414”田间试验，可以建立以下技术指标体系：

①建立油菜作物基于传统土壤测试方法的土壤养分丰缺指标和推荐施肥指标。

②建立油菜作物基于新的土壤测试方法的土壤养分丰缺指标和推荐施肥指标。

③建立传统土壤测试方法与新的土壤测试方法之间的相关关系与转换参数。

（2）应用“3414”试验进行土壤测试方法的相关研究　具体步骤如下：

①在某一较大的生态区域的某一土壤类型上，在2～3年的研究周期内，对某一特定作物，至少布置20～30个点的“3414”田间试验。

②采集基础土样，分别用传统测试方法和M3方法等测定土壤有效养分。

③通过田间试验获得不同处理的油菜产量和养分吸收量结果（需要测定收获期籽粒和秸秆的产量和氮、磷、钾养分含量）。

④计算不同试验中缺氮、磷、钾的相对产量和相对养分吸收量，对“3414”试验而言。

缺氮的相对产量＝处理 2（$N_0P_2K_2$）产量/处理 6（$N_2P_2K_2$）产量×100％

缺磷的相对产量＝处理 4（$N_2P_0K_2$）产量/处理 6（$N_2P_2K_2$）产量×100％

缺钾的相对产量＝处理 8（$N_2P_2K_0$）产量/处理 6（$N_2P_2K_2$）产量×100％

缺氮的相对吸氮量＝处理 2（$N_0P_2K_2$）吸氮量/处理 6（$N_2P_2K_2$）吸氮量×100％

缺磷的相对吸磷量＝处理 4（$N_2P_0K_2$）吸磷量/处理 6（$N_2P_2K_2$）吸磷量×100％

缺钾的相对吸钾量＝处理 8（$N_2P_2K_0$）吸钾量/处理 6（$N_2P_2K_2$）吸钾量×100％

⑤对多年多点试验的相对产量或相对养分吸收量结果与传统方法或 M3 方法等的土壤测定结果进行相关性分析。

以磷为例，假设某一区域某一土壤类型 3 年小麦试验的部分结果，见表 4－5。

表 4－5　31 个 3414 试验的部分结果

试验点	Olsen－P（毫克/千克）	M3－P（毫克/千克）	相对产量（％）	相对吸磷量（％）
1	11	35	75	70
2	8	20	55	55
3	32	82	90	88
4	38	93	105	100
5	7	14	50	48
6	5	10	30	29
……	……	……	……	……
31	45	84	110	102

通过相关性分析，不同土壤有效磷测试方法与小麦相对产量或相对吸磷量的相关系数如表 4－6。结果说明，Olsen-P 和 M3-P 方法与作物相对产量和相对吸磷量都有很好的相关关系，都可以作为该土壤有效磷的提取测定方法。

表 4－6 不同土壤有效磷测试方法与小麦相对产量或相对吸磷量的相关系数

	Olsen－P	M3－P
相对产量	0.887**	0.785**
相对吸磷量	0.897**	0.780**

⑥计算两种有效磷测定方法间的转换系数。将表 4－6 中两种有效磷测定结果进行相关分析，得到以下方程：

$$y=1.91x+4.71\ (r=0.92^{**})$$

式中：y——M3－P 方法测试值；

x——Olsen-P 方法测试值。

在已有 Olsen-P 方法的分级指标而没有 M3－P 方法的分级指标时，该方程可以帮助用 M3－P 测定结果初步判断土壤磷丰缺状况。

（3）应用“3414”试验建立土壤养分丰缺指标　在上述相关研究的基础上，开展校验研究，建立土壤有效养分丰缺指标。仍以表 4－6 假设数据为例，具体步骤是：

①在 Excel 软件中，绘出土壤有效磷测定值与作物相对产量的散点图（图 4－1）。

②以 Excel 软件的添加趋势线功能，获得相对产量与土壤养分测试值的数学关系，并绘出趋势线。

③以相对产量 50%、75%和 95%为标准，获得土壤养分丰缺指标（表 4－7）。

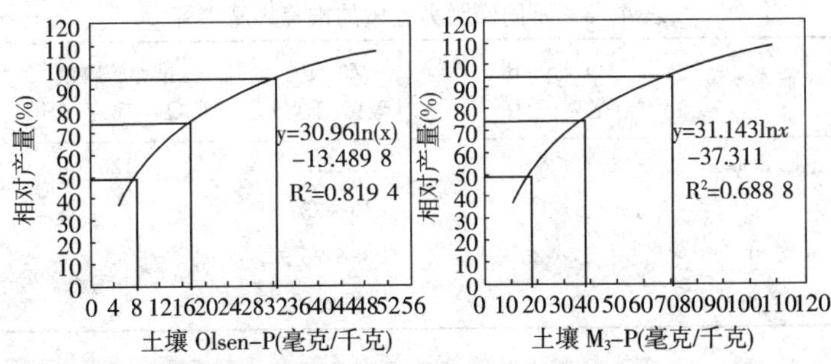

图 4-1　土壤 Olsen-P（左）、M3-P（右）与小麦相对产量的关系

表 4-7　计算得到的两种有效磷测试方法的丰缺指标

肥力等级	相对产量（%）	Olsen-P（毫克/千克）	M3-P（毫克/千克）
极低	＜50	＜8	＜17
低	50～75	8～17	17～38
中	75～95	17～33	38～70
高	＞95	＞33	＞70

（4）应用“3414”试验建立不同土壤肥力的推荐施肥指标　在建立了土壤养分丰缺指标后，需要建立针对不同肥力水平的推荐施肥量。一般步骤是：

①将每个试验的产量与施肥量进行回归分析，建立肥料效应函数。

②通过边际分析，计算每个试验点的最佳施肥量。

③将多年多点的结果按不同肥力水平汇总，计算不同肥力水平下的平均的推荐施肥量和上、下限。

以磷为例，获得如表 4-8 所示的推荐施肥指标。

表 4-8 不同磷肥力土壤的推荐施肥指标

肥力等级	Olsen - P（毫克/千克）	M3 - P（毫克/千克）	推荐施磷量（P_2O_5，千克/公顷）
极低	＜8	＜17	120
低	8～17	17～38	90
中	17～33	38～70	60
高	＞33	＞70	0

（四）配方设计

分析土壤测试和田间试验数据结果，根据气候条件、土壤类型、油菜品种、产量水平、耕作制度等差异性，合理划分施肥类型区，提出分区域、分作物肥料配方和施肥建议卡。

1. 针对地块配方设计 针对地块配方设计归纳起来有三大类 6 种方法：第一类是地力分区法；第二类是目标产量法，包括养分平衡法和地力差减法；第三类是田间试验法，包括肥料效应函数法、养分丰缺指标法、氮磷钾比例法。

（1）地力分区（级）配方法 利用土壤普查、耕地地力调查和当地田间试验资料，把土壤按肥力高低分成若干等级，或划出一个肥力均等的田片，作为一个配方区，再应用资料和田间试验成果，结合当地的实践经验，估算出这一配方区内比较适宜的肥料种类及其施用量。

这一方法的优点是较为简便，提出的肥料用量和措施接近当地的经验，方法简单，群众易接受。缺点是局限性较大，每种配方只能适应于生产水平差异较小的地区，而且依赖于一般经验较多，对具体田块来说针对性不强。在推广过程中必须结合试验示范，逐步扩大科学测试手段和理论指导的比重。

（2）目标产量配方法　目标产量配方法是根据油菜产量的构成，由土壤本身和施肥两个方面供给养分的原理来计算肥料的用量。先确定目标产量，以及为达到这个产量所需要的养分数量，再计算作物除土壤所供给的养分外，需要补充的养分数量，最后确定施用多少肥料。包括地力差减法和养分平衡法。

根据作物目标产量需肥量与土壤供肥量之差估算施肥量，计算公式为：

$$施肥量=\frac{目标产量所需养分总量-土壤供肥量}{肥料中养分含量\times 肥料当季利用率}$$

目标产量确定后因土壤供肥量的确定方法不同，形成了地力差减法和土壤有效养分校正系数法两种。

①地力差减法。地力差减法是根据作物目标产量与基础产量之差来计算施肥量的一种方法。其计算公式为：

$$施肥量=\frac{（目标产量-基础产量）\times 单位经济产量养分吸收量}{肥料中养分含量\times 肥料利用率}$$

基础产量即为“3414”方案中处理1的产量。

②养分平衡法。土壤有效养分校正系数法是通过测定土壤有效养分含量来计算施肥量。其计算公式为：

$$施肥量=\frac{作物单位产量养分吸收量\times 目标产量-土壤养分测试值\times 0.15\times 有效养分校正系数}{肥料中养分含量\times 肥料当季利用率}$$

平衡法涉及目标产量、作物需肥量、土壤供肥量、肥料利用率和肥料中有效养分含量五大参数。土壤供肥量即为“3414”方案中处理1的作物养分吸收量。

（3）田间试验法

田间试验法的原理是通过简单的单一对比，或应用较复杂的正交、回归等试验设计，进行多点田间试验，从而选出最优处理，确定肥料施用量。

①肥料效应函数法。采用单因素、二因素或多因素的多水平回归设计进行布点试验，将不同处理得到的产量进行数理统计，求得产量与施肥量之间的肥料效应方程式。根据其函数关系式，可直观地看出不同元素肥料的不同增产效果，以及各种肥料配合施用的联应效果，确定施肥上限和下限，计算出经济施肥量，作为实际施肥量的依据。

这一方法的优点是能客观地反映肥料等因素的单一和综合效果，施肥精确度高，符合实际情况，缺点是地区局限性强，不同土壤、气候、品种等需布置多点不同试验。

②养分丰缺指标法。这是田间试验法中的一种。此法利用土壤养分测定值与作物吸收养分之间存在的相关性，对不同作物通过田间试验，根据在不同土壤养分测定值下所得的产量分类，把土壤的测定值按一定的级差分等，制成养分丰缺及施肥量对照检索表。在实际应用中，只要测得土壤养分值，就可以从对照检索表中按级确定肥料施用量。收获后计算产量，用缺素区产量占全肥区产量百分数即相对产量的高低来表达土壤养分的丰缺情况。相对产量低于50％的土壤养分为极低，相对产量为50％～75％的为低，相对产量为75％～95％的为中，相对产量大于95％为高。从而确定适用于某一区域、某种作物的土壤养分丰缺指标及对应的肥料施用数量。

③氮、磷、钾比例法。也是田间试验法的一种。原理是通过田间试验，在一定地区的土壤上，取得某一作物不同产量情况下各种养分之间的最好比例，然后通过对一种养分的

定量，按各种养分之间的比例关系，来决定其他养分的肥料用量，如以氮定磷、定钾，以磷定氮，以钾定氮等。

（4）有关参数的确定

①目标产量。目标产量可采用平均单产法来确定。平均单产法是利用施肥区前3年平均单产和年递增率为基础确定目标产量，其计算公式是：

目标产量＝（1＋递增率）×前3年平均单产

②作物需肥量。通过对正常成熟的农作物全株养分的化学分析，测定各种作物100千克经济产量所需养分量（常见作物平均100千克经济产量吸收的养分量）即可获得作物需肥量。

$$\frac{\text{作物目标产量}}{\text{所需养分量（千克）}}=\frac{\text{目标产量（千克）}}{100\times\text{百千克产量所需养分量}}$$

③土壤供肥量。土壤供肥量可以通过测定基础产量、土壤有效养分校正系数两种方法估算：

通过基础产量估算（处理1产量）：不施养分区作物所吸收的养分量作为土壤供肥量。

土壤供肥量（千克）＝不施养分区农作物产量（千克）×百千克产量所需养分量

通过土壤养分校正系数估算：将土壤有效养分测定值乘一个校正系数，以表达土壤“真实”供肥量。该系数称为土壤养分的校正系数。

$$\text{校正系数（\%）}=\frac{\text{缺素区作物地上部分吸收该元素量（千克/亩）}}{\text{该元素土壤测定值（毫克/千克）}\times 0.15}$$

④肥料利用率。一般通过差减法来计算：利用施肥区作物吸收的养分量减去不施肥区农作物吸收的养分量，其差值

视为肥料供应的养分量，再除以所用肥料养分量就是肥料利用率。

$$\text{肥料利用率}=\frac{\text{施肥区农作物吸收养分量（千克/亩）}-\text{缺素区农作物吸收养分量（千克/亩）}}{\text{肥料施用量（千克/亩）}\times\text{肥料中养分含量（\%）}}$$

上述公式以计算氮肥利用率为例来进一步说明。

施肥区（NPK 区）农作物吸收养分量（千克/亩）："3414"方案中处理 6 的作物总吸氮量。

缺氮区（PK 区）农作物吸收养分量（千克/亩）："3414"方案中处理 2 的作物总吸氮量。

肥料施用量（千克/亩）：施用的氮肥肥料用量。

肥料中养分含量（%）：施用的氮肥肥料所标明的含 N 量。

如果同时使用了不同品种的氮肥，应计算所用的不同氮肥品种的总氮量。

⑤肥料养分含量。供施肥料包括无机肥料与有机肥料。无机肥料、商品有机肥料含量按其标明量，不同养分含量的有机肥料其养分含量可参照当地不同类型有机肥养分平均含量获得。

2. 县域施肥分区与肥料配方设计 在 GPS 定位土壤采样与土壤测试的基础上，综合考虑行政区划、土壤类型、土壤质地、气象资料、种植结构、作物需肥规律等因素，借助信息技术生成区域性土壤养分空间变异图和县域施肥分区图，优化设计不同分区的肥料配方。主要工作步骤如下：

（1）确定研究区域 一般以县级行政区域为施肥分区和

肥料配方设计的研究单元。

（2）GPS定位指导下的土壤样品采集　土壤样品采集要求使用GPS定位，采样点的空间分布应相对均匀，如每100亩采集1个土壤样品，先在土壤图上大致确定采样位置，然后在标记位置附近的1个采集地块上采集多点混合土样。

（3）土壤测试与土壤养分空间数据库的建立　将土壤测试数据和空间位置建立对应关系，形成空间数据库，以便能在GIS中进行分析。

（4）土壤养分分区图的制作　基于区域土壤养分分级指标，以GIS为操作平台，使用Kriging等方法进行土壤养分空间插值，制作土壤养分分区图。

（5）施肥分区和肥料配方的生成　针对土壤养分的空间分布特征，结合作物养分需求规律和施肥决策系统，生成县域施肥分区图和分区肥料配方。

（6）肥料配方的校验　在肥料配方区域内针对特定作物，进行肥料配方验证。

（五）配肥加工

依据配方，以各种单质或复混肥料为原料生产或配制配方肥。农民按照施肥建议卡所需肥料品种科学施用；招标认定肥料企业按配方加工生产配方肥，建立肥料营销网络，向农民供应配方肥，农技部门指导施用。同时，要结合各县实际，进一步扩大配方肥应用面积。

（六）示范推广

建立测土配方施肥示范区，树立样板，展示测土配方施肥技术效果，引导农民应用测土配方施肥技术。

（七）宣传培训

开展对各级土肥部门、肥料生产企业和经销商等有关技术人员的培训，提高技术服务能力。采取广播、电视、报刊、明白纸、现场会、讲师团等形式，将测土配方施肥技术宣传到村、培训到户、指导到田，普及科学施肥技术知识，使广大农民逐步掌握合理施肥量、施肥时期和施肥方法，并加强配方肥质量监督管理。

（八）数据库建设

运用计算机技术、地理信息系统（GIS）和全球定位系统（GPS），按照规范化的测土配方施肥数据字典，以野外调查、农户施肥状况调查、田间试验和分析化验数据为基础，收集整理历年土壤肥料田间试验和土壤监测数据资料，建立不同层次、不同区域的测土配方施肥数据库。

1. 数据库建立标准

（1）*属性数据采集标准* 按照测土配方施肥数据字典建立属性数据的采集标准。采集标准包含对每个指标完整的命名、格式、类型、取值区间等定义。在建立属性数据库时要按数据字典要求，制订统一的基础数据编码规则，进行属性数据录入。

（2）*空间数据采集标准* 县级地图采用 1∶5 万地形图为空间数学框架基础。

投影方式：高斯—克吕格投影，6 度分带。

坐标系及椭球参数：西安 80/克拉索夫斯基。

高程系统：1980 年国家高程基准。

野外调查 GPS 定位数据：初始数据采用经纬度，统一采用 GW84 坐标系，并在调查表格中记载；装入 GIS 系统与图件匹配时，再投影转换为上述直角坐标系坐标。

2. 数据库建立方法

（1）*属性数据库建立* 属性数据库的内容包括田间试验示范数据、土壤与植物测试数据、田间基本情况及农户调查数据等。属性数据库的建立应独立于空间数据，按照数据字典要求在SQL或ACCESS等数据库中建立。

（2）*空间数据库建立* 空间数据库的内容包括土壤图、土地利用现状图、行政区划图、采样点位图等。应用GIS软件，采用数字化仪或扫描后屏幕数字化的方式录入。图件比例尺为1∶5万。

（3）*施肥指导单元属性数据获取* 可由土壤图、土地利用现状图和行政区划图叠加，生成施肥指导单元图。在指导单元图内统计采样点，如果一个单元内有一个采样点，则该单元的数值就用该点的数值，如果一个单元内有多个采样点，则该单元的数值可采用多个采样点的平均值（数值型取平均值，文本型取大样本值，下同）；如果某一单元内没有采样点，则该单元的值可用与该单元相邻同土种的单元的值代替；如果没有同土种单元相邻，或相邻同土种单元也没有数据则可用与之相邻的所有单元（有数据）的平均值代替。

3. 数据库的质量控制

（1）*属性数据质量控制* 数据录入前应仔细审核，数值型资料应注意量纲、上下限，地名应注意汉字多音字、繁简体、简全称等问题，审核定稿后再录入。为保证数据录入准确无误，录入后还应逐条检查。

（2）*图件数据质量控制* 扫描影像能够区分图中各要素，若有线条不清晰现象，需重新扫描。

扫描影像数据经过角度纠正，纠正后的图幅下方两个内图廓点的连线与水平线的角度误差不超过0.2°。

公里网格线交叉点为图形纠正控制点，每幅图应选取不少于20个控制点，纠正后控制点的点位绝对误差不超过0.2毫米（图面值）。

矢量化：要求图内各要素的采集无错漏现象，图层分类和命名符合统一的规范，各要素的采集与扫描数据相吻合，线划（点位）整体或部分偏移的距离不超过0.3毫米（图面值）。

所有数据层具有严格的拓扑结构，面状图形数据中没有碎片多边形，图形数据及属性数据输入正确。

(3) *图件输出质量要求* 图须覆盖整个辖区，不得丢漏。

图中要素必有项目包括评价单元图斑、各评价要素图斑和调查点位数据、线状地物、注记。要素的颜色、图案、线型等表示符合规范要求。

图外要素必有项目包括图名、图例、坐标系及高程系说明、成图比例尺、制图单位全称、制图时间等。

(4) *面积数据要求* 耕地面积数据以当地政府公布的数据（土地详查面积）为控制面积。

(5) *统一的系统操作和数据管理* 设置统一的系统操作和数据管理，各级用户通过规范的操作，来实现数据的采集、分析、利用和传输等功能。

（九）耕地地力评价

充分利用测土配方施肥项目的野外调查和分析化验数据，结合第二次土壤普查、土地利用现状调查等成果资料，完成图件数字化、评价指标体系建立、地力等级评价、成果图编制等工作，构建耕地资源管理信息系统，对县域内耕地地力进行评价，并将评价结果汇总成册编辑出版，形成公共资源，便于广大农民和相关单位查阅应用。

1. 资料准备

（1）图件资料（比例尺 1∶5 万）　地形图（采用中国人民解放军总参谋部测绘局测绘的地形图）、第二次土壤普查成果图（最新的土壤图、土壤养分图等）、土地利用现状图、农田水利分区图、行政区划图及其他相关图件。

（2）数据及文本资料　第二次土壤普查成果资料，基本农田保护区划定统计资料，近 3 年种植面积、粮食单产与总产、肥料使用等统计资料，历年土壤、植物测试资料。

2. 技术准备

（1）确定耕地地力评价因子　根据全国耕地地力评价因子总集，结合当地实际情况，从六方面因子中选取本县耕地地力评价因子。选取的因子应对当地耕地地力有较大的影响，在评价区域内的变异较大，在时间序列上具有相对的稳定性，因子之间独立性较强。

（2）确定评价单元　用土地利用现状图（比例尺为 1∶5 万）、土壤图（比例尺为 1∶5 万）叠加形成的图斑作为评价单元。评价区域内的耕地面积要与政府发布的耕地面积一致。

3. 耕地地力评价

（1）评价单元赋值　根据各评价因子的空间分布图或属性数据库，将各评价因子数据赋值给评价单元。对点位分布图采用插值的方法将其转换为栅格图，再与评价单元图叠加，通过加权统计给评价单元赋值；对矢量分布图（如土壤质地分布图），将其直接与评价单元图叠加，通过加权统计、属性提取，给评价单元赋值；对线形图（如等高线图），使用数字高程模型，形成坡度图、坡向图等，再与评价单元图叠加，通过加权统计给评价单元赋值（表 4－9）。

表 4-9　全国耕地地力评价因子总集

类别	因子	类别	因子
气象	≥0℃积温	耕层理化性状	质地
	≥10℃积温		容重
	年降水量		pH
	全年日照时数		CEC
	光能辐射总量		有机质
	无霜期		全氮
	干燥度		有效磷
立地条件	经度		速效钾
	纬度		缓效钾
	海拔		有效锌
	地貌类型		有效硼
	地形部位		有效钼
	坡度		有效铜
	坡向		有效硅
	成土母质		有效锰
	土壤侵蚀类型		有效铁
	土壤侵蚀程度		有效硫
	林地覆盖率		交换性钙
	地面破碎情况		交换性镁
	地表岩石露头状况	障碍因素	障碍层类型
	地表砾石度		障碍层出现位置
	田面坡度		障碍层厚度
剖面性状	剖面构型		耕层含盐量
	质地构型		1米土层含盐量
	有效土层厚度		盐化类型
	耕层厚度		地下水矿化度
	腐殖层厚度	土壤管理	灌溉保证率
	田间持水量		灌溉模数
	冬季地下水位		抗旱能力
	潜水埋深		排涝能力
	水型		排涝模数
			轮作制度
			梯田类型
			梯田熟化年限

(2) 确定各评价因子的权重 采用特尔斐法与层次分析法相结合的方法确定各评价因子权重。

(3) 确定各评价因子的隶属度 对定性数据采用特尔斐法直接给出相应的隶属度；对定量数据采用特尔斐法与隶属函数法结合的方法确定各评价因子的隶属函数，将各评价因子的值代入隶属函数，计算相应的隶属度。

(4) 计算耕地地力综合指数 采用累加法计算每个评价单元的地力综合指数。

$$IFI = \sum(F_i \times C_i)$$

式中：IFI——耕地地力综合指数（Integrated Fertility Index)；

F_i——第 i 个评价因子的隶属度；

C_i——第 i 个评价因子的组合权重。

(5) 地力等级划分与成果图件输出 根据地力综合指数分布，采用累积曲线法或等距离法确定分级方案，划分地力等级，绘制耕地地力等级图。

(6) 归入全国耕地地力等级体系 依据《全国耕地类型区、耕地地力等级划分》（NY/T 309—1996)，归纳整理各级耕地地力要素主要指标，形成与粮食生产能力相对应的地力等级，并将各等级耕地归入全国耕地地力等级体系。

(7) 划分中低产田类型 依据《全国中低产田类型划分与改良技术规范》（NY/T 310—1996)，分析评价单元耕地土壤主导障碍因素，划分并确定中低产田类型、面积和主要分布区域。

4. 耕地地力评价数据汇总与报告撰写 各级耕地地力评价工作承担单位提交本区域年度数据，包括农户调查数据库、采样地基本情况调查数据库、土壤采样数据库、土壤样品测试数据库等。同时撰写并提交本区域年度技术报告，主要内容包括：技术报告和评价成果报告。其中，评价成果报告分为耕地地力评价结果报告、耕地地力评价与改良利用报告、耕地地力评价与测土配方施肥报告、耕地地力评价与种植业布局区划报告等。

（十）效果评价

通过对项目县施肥效益和土壤肥力进行动态监测，并及时获得农民反馈的信息，对测土配方施肥的实际效果进行评价，从而不断完善管理体系、技术体系和服务体系。同时，对农户施肥情况长期观测点记录数据进行汇总，每个季度上报1次。

1. 测土配方施肥效果评价常用指标 通常以养分投入量、作物产量、经济效益等进行测土配方施肥效果的评价。可以通过对比两类农户（田块）氮、磷、钾养分投入量来检验测土配方施肥的节肥效果，也可利用下面公式（1）、（2）、（3）来分析测土配方施肥的增产率、增收情况与投入产出效率。

（1）增产率 测土配方施肥增产率一般采用下式计算。

$$A(\%)=\frac{Y_p-Y_c}{Y_c}\times 100\% \qquad (1)$$

式中：A——增产率；

Y_p——测土配方施肥产量（千克/公顷）；

Y_c——常规施肥（或实施测土配方施肥前）的产量（千克/公顷）。

（2）增收 测土配方施肥增收一般采用下式计算。

$$I=(Y_p-Y_c)\times P_y-\sum_{i=0}^{n}F_i\times P_i \qquad (2)$$

式中：I——测土配方施肥比常规施肥增加的收益（元/公顷）；

Y_p——测土配方施肥的产量（千克/公顷）；

Y_c——常规施肥（或实施测土配方施肥前）的产量（千克/公顷）；

P_y——产品价格（元/千克）；

F_i——肥料用量（千克/公顷）；

P_i——肥料价格（元/千克）。

（3）*产投比*　测土配方施肥产投比一般采用下式计算。

$$D=\frac{(Y_p-Y_c)\times P_y-\sum_{i=0}^{n}F_i\times P_i}{\sum_{i=0}^{n}F_i\times P_i} \qquad (3)$$

式中：D——产投比；

Y_p——测土配方施肥的产量（千克/公顷）；

Y_c——常规施肥（或实施测土配方施肥前）的产量（千克/公顷）；

P_y——产品价格（元/千克）；

F_i——肥料用量（千克/公顷）；

P_i——肥料价格（元/千克）。

2. 测土配方施肥效果的评价方法

（1）*农户（田块）测土配方施肥前后的比较*　以农民实施测土配方施肥前后的养分投入量、产量、效益进行评价。通过整理测土配方施肥农户调查表格中的数据，比较农户（田块）采用测土配方施肥前后氮、磷、钾养分投入量来检验测土配方施肥的节肥效果，也可利用公式（1）、（2）、（3）计算测土配方施肥的增产率、增收情况和投入产出效率进行比较。

（2）测土施肥农户（田块）与常规施肥农户（田块）的比较 根据对测土配方施肥农户（田块）与常规施肥农户（田块）调查表的汇总分析，以农民实施测土配方施肥后的养分投入量、产量、效益进行评价。通过比较农户（田块）采用测土配方施肥后与常规施肥氮磷钾养分投入量来检验测土配方施肥的节肥效果，也可利用公式（1）、（2）、（3）计算测土配方施肥的增产率、增收情况和投入产出效率进行比较。

（3）测土配方施肥5年跟踪调查分析 以农民实施测土配方施肥5年中的养分投入量、产量、效益进行评价。通过比较5年来跟踪收集到测土配方施肥中的农户（田块）采用测土配方施肥前后氮、磷、钾养分投入量来检验测土配方施肥的节肥效果，也可利用公式（1）、（2）、（3）计算5年间测土配方施肥的增产率、增收情况和投入产出效率并进行评价。

3. 测土配方施肥准确度的评价 从目标产量与实际产量的吻合度对测土配方施肥技术准确度进行评价。主要比较测土推荐的目标产量和实施测土配方施肥后获得的产量差异来判断技术的准确度，找出存在的问题和需要改进的地方，包括推荐施肥方法是否合适、采用的配方参数施肥是否合理、丰缺指标是否需要调整等。也可以作为配方人员技术水平的评价指标。例如，某地一个配方技术人员共给50个农户进行了配方推荐，推荐的平均目标产量为500千克/亩，而50个农户按照推荐的施肥量和肥料配比实施后，平均产量达到495千克/亩，误差只有1%，说明总体推荐比较准确。进一步分析，在50个农户中，实际产量高出目标产量

5%的农户有5个，实际产量在目标产量±5%范围的农户有30个，而实际产量低于目标产量5%的农户有15个，说明有10%推荐的目标产量偏低，60%准确，而30%推荐的目标产量偏高。由此可以看出该配方人员的技术水平，然后再分析偏高和偏低的原因。

（十一）技术研发

重点开展田间试验、土壤养分测试、肥料配方、数据处理、专家咨询系统等方面的技术研发工作，不断提升测土配方施肥技术水平。

五、测土配方施肥量的计算

由于各种化肥的有效含量不同，所以农民在实际生产过程中不易准确地把握用肥量。应根据实际情况，计算施入土壤中的化肥量。

假设该地块推荐用肥量为每亩施纯氮（N）8.5千克、P_2O_5 4.5千克、6.5千克，单项施肥其计算方式为：推荐施肥量÷化肥的有效含量=应施肥数量。可得结果：施入尿素（尿素含氮量一般为46%）为8.5÷46%=18.5（千克），施入硫酸钾（硫酸钾含K_2O量一般为50%）为6.5÷50%=13（千克），施入过磷酸钙（过磷酸钙含P_2O_5量一般为12%）为4.5÷12%=37.5（千克）。

如果施用复混肥，用量应先以施肥建议卡上推荐施肥量最少的那种肥计算，然后添加其他两种肥。由于复混肥比例固定，难以同时满足不同作物、不同土壤对各种养分的需求。因此，需添加单元肥料加以补充，计算公式为：（推荐施肥量一已施入肥量）÷准备施入化肥的有效含量=增补施肥数量。该地块已经施入了 30 千克氮、磷、钾含量各为 15%的复合肥，相当于施入土壤中纯氮 30×15%=4.55（千克）、P_2O_5 和 K_2O 也各为 4.5 千克。根据建议施肥卡上推荐施肥量纯氮（N）8.5 千克、P_2O_5 4.5 千克、K_2O 6.5 千克的要求，还需要增施；尿素（8.5—4.5）÷46%=8.7（千克），硫酸钾（6.5—4.5）÷50%=4（千克）。

六、开展油菜测土配方施肥的意义和作用

1. 促进农民施肥观念和方法的改变 测土配方施肥的开展，可以改变农民过去那种“施肥越多越好”、“粪大水勤，不用问人”的盲目施肥做法。在施肥方法上，由撒施、表施向深施和因土、因作物的需要施肥转变，减少盲目性，提高科学性。

2. 可以起到明显的增收节支效果 测土配方施肥可以提高肥料利用率 3～5 个百分点，每亩节约氮肥（尿素）4 千克左右，每亩增收节支 30～60 元。

3. 提高耕地质量 测土配方施肥是在合理施用农家肥的基础上进行的。在开展测土配方施肥工作中，各级农业部门要积极引导农民积农家肥，实施秸秆还田、过腹还田等技术，提高有机肥的利用水平，使土壤养分结构得到改善，耕地质量明显提高。

4. 提高科学施肥水平 测土配方施肥采取“测土到田、配方到厂、供肥到点、指导到户”，为农民提供一条龙服务，有效地满足不同地方、不同种植规模科学施肥的要求。

5. 减少农业面源污染，保护生态环境 测土配方施肥

可以改变过量施肥和施肥比例不合理的状况，减少养分的流失，促进作物秸秆、畜禽粪便等资源的合理利用，减轻化学物质和有机废弃物对水体和农田的污染。

6. 保护农民利益　测土配方施肥技术的推广应用有利于进一步稳定和规范农资市场，能有效地遏制假劣肥料坑农害农现象的发生。

附　　录

附录一　常见肥料特性及施用技术要点歌

1. 常用氮肥、磷肥、钾肥特性及施用技术要点歌

（1）氮肥

①铵态氮肥

铵态氮肥较常用，主要特性水能溶。
铵根离子带阳电，阴电土粒相互拥。
硝化作用变硝氮，提高氮肥有效性。
与碱混合铵变氨，氨气挥发不肥田。

碳酸氢铵

碳酸氢铵偏碱性，施入土壤变为中。
含氮十六至十七，各种作物都适宜。
高温高湿易分解，施用千万要深埋。
牢记莫混钙镁磷，还有草灰人尿粪。

硫酸铵

硫铵俗称肥田粉，氮肥以它作标准。
含氮高达二十一，各种作物都适宜。
生理酸性较典型，最适土壤偏碱性。
混合普钙变一铵，氮磷互补增效应。

氯化铵

氯化铵，生理酸，含量二十五个氮。
施用千万莫混碱，用于种肥出苗难。
牢记甘薯马铃薯，烟叶甜菜都忌氯。
重用棉花和水稻，掺和尿素肥效高。

②硝态氮肥

硝态氮肥问世早，用作追肥肥效高。
主要养分为氮素，钠钙离子也起效。
硝根离子带阴电，土壤胶粒吸附难。
但易水溶肥效快，吸湿性强易爆燃。

硝酸钠

智利硝石硝酸钠，多在旱地施用它。
最适作物为甜菜，还有萝卜和亚麻。
含氮较低为十五，也适其他农作物。
生理反应呈碱性，盐碱水地不要用。

硝酸钙

挪威硝石硝酸钙，常温之下不分解。
含氮十四生理碱，易溶于水呈弱酸。
各类土壤都适用，最好施于缺钙田。
最适作物马铃薯，甜菜大麦和稻谷。

③铵态、硝态氮肥

铵态硝态为一体，称为铵态硝态肥。
典型代表为硝铵，氮肥家族谓骨干。
硫硝酸铵新型肥，含量可达二十七。
硝酸铵钙有前途，能够中和酸碱度。

硝酸铵

硝酸铵，生理酸，内含三十四个氮。

铵态硝态各一半，吸湿性强易爆燃。
施用最好作追肥，不施水田不混碱。
掺和钾肥氯化钾，理化性质大改观。

硫硝酸铵

硫硝酸铵为复盐，易溶于水呈弱酸。
含氮可达二十七，铵氮硝氮三比一。
只因含有铵态氮，千万莫混碱性肥。
适应各种农作物，用作追肥最适宜。

硝酸铵钙

硝酸铵钙为复盐，又名石灰硝酸铵。
由于含有碳酸钙，减轻结块和爆燃。
一般含氮二十二，易溶于水呈弱碱。
铵氮硝氮各一半，混施普钙肥效减。

④酰胺、氰氨态氮肥

酰胺氮肥如尿素，没有离子能吸附。
脲酶作用变碳铵，然后浇水肥效速。
氰铵氮肥石灰氮，入土变为氰氨盐。
接着转化为尿素，再变碳铵需七天。

尿素

尿素性平呈中性，各类土壤都适用。
含氮高达四十六，根外追肥称英雄。
施入土壤变碳铵，然后才能大水灌。
千万牢记要深施，提前施用最关键。

石灰氮

石灰氮，有毒性，杀虫灭菌有作用。
掺土堆沤变尿素，黑色粉末质地轻。
含氮二十性偏碱，莫混普钙铵态氮。

接触皮肤要冲洗，莫施十字花科地。

⑤液态氮肥

液态氮肥氮溶液，氨水液氨为液体。
目前虽说用量少，发展前景大无比。
原因设备较简单，便于生产成本低。
施肥易于机械化，廉价省工又省力。

氨水

用水吸收合成氮，生成氨水性为碱。
腐蚀性强能杀虫，储运密封保安全。
施用得当似硫铵，随水灌溉较方便。
无论水田及旱地，强调深埋是关键。

液氨

液氨来自气体氨，加压降温成液氨。
沸点很低性为碱，遇氯溴碘易爆燃。
施入土壤吸附快，关键做到要深埋。
储运要求用钢瓶，不戴罩帽不能用。

氮溶液

几种氮肥溶于水，直接生成氮溶液。
挥发性小性偏碱，加入磷钾成复肥。
储运施用都方便，发展前景很可观。
施用方法似氨水，牢记深埋是一环。

（2）磷肥

①水溶性磷肥

水溶磷肥人人爱，易溶于水肥效快。
主要品种有两种，过磷酸钙和重钙。
它们性质均为酸，对碱作用很敏感。
储运千万莫受潮，严防磷素变无效。

过磷酸钙

过磷酸钙水能溶，各种作物都适用。
混沤厩肥分层施，减少土壤来固定。
配合尿素硫酸铵，以磷促氮大增产。
含磷十八呈酸性，运储施用莫遇碱。

重过磷酸钙

过磷酸钙名加重，也怕铁铝来固定。
含磷高达四十六，俗称重钙呈酸性。
用量掌握要灵活，它与普钙用法同。
由于含磷比较高，不宜拌种蘸根苗。

弱酸溶性磷肥

枸溶磷肥水不溶，只能溶在酸液中。
作物根系分泌酸，溶解磷肥是本能。
用前关键要堆沤，肥效慢长不固定。
只因内含钙和镁，酸性土壤更适应。

钙镁磷肥

钙镁磷肥呈碱性，酸性土壤最适用。
含磷十八水不溶，混合厩肥增效应。
只因含有钙镁锰，还有硅肥以及铜。
用于油菜蚕豌豆，果树谷物都适应。

钢渣磷肥

钢渣磷肥碱炉渣，酸性土壤喜欢它。
灰黑粉末含磷低，适宜用来作底肥。
用前最好先堆沤，磷素效率能提高。
千万莫混铵态氮，用于水稻能增产。

脱氟磷肥

脱氟磷肥含氟少，可作饲料添加剂。

浅灰褐色细粉末，混沤厩肥肥效高。
不易结块弱酸溶，含磷二十碱反应。
含钙较多无铅砷，最适土壤为酸性。

偏磷酸钙

偏磷酸钙浓度高，施用要比普钙少。
含磷高达六十三，弱酸全溶水溶慢。
吸湿结块无腐蚀，黄色粉末性偏碱。
最好施在酸性地，肥效持久作基肥。

②难溶性磷肥

难溶磷肥溶解难，不溶水来稍溶酸。
要想取得好肥效，科学施肥是关键。
强调用前要堆沤，配合氮肥生理酸。
应施缺磷酸性地，撒施均匀作基肥。

磷矿粉

磷矿粉，性难溶，利用磷矿研磨成。
灰褐粉末不结块，没有腐蚀性稳定。
化学性质微偏碱，一般全磷超十三。
酸性低磷薄地用，适应豆科紫云英。

骨粉

骨粉现有三产品，脱脂脱胶生骨粉。
含磷达到二十七，含氮较少五至一。
由于难溶性偏碱，应施缺磷酸性田。
混合厩肥来堆沤，胜似普钙能增产。

（3）钾肥

钾肥品种比较多，合理施用讲科学。
钾为一价强碱性，兄弟元素易化合。
能使多种酶活化，还能透过生物膜。

易溶于水肥效快，还需氮磷来配合。

①硫酸钾

硫酸钾，较稳定，易溶于水性为中。
吸湿性小不结块，生理反应呈酸性。
含钾超过四十八，混合磷肥作用大。
喜钾作物马铃薯，烟叶葡萄和亚麻。

②氯化钾

氯化钾，早当家，钾肥家族数它大。
易溶于水性为中，生理反应呈酸性。
多为白色结晶体，进口有的色为红。
含量五十至六十，忌氯作物莫要用。

③高锰酸钾

高锰酸钾灰锰氧，深紫颜色结晶状。
既含钾来又含锰，叶面喷洒最适用。
不仅品质可提高，还能抑制多种病。
医药多用其消毒，水质净化也常用。

④窑灰钾肥

窑灰钾肥强碱性，黄褐粉末结构松。
含钾只有十八九，还含钙镁硅铁硫。
施用不要作种肥，最好施在酸性地。
莫混普钙铵态氮，豆科作物很欢喜。

⑤钾镁肥

钾镁肥，为中性，吸湿性强水能溶。
含钾可达二十七，还含食盐和镁肥。
用前最好要堆沤，适应酸性红土地。
忌氯作物不要用，千万莫要作种肥。

⑥钾钙肥

钾钙肥，强碱性，酸性土壤最适用。
灰色粉末易溶水，各种作物都适应。
含钾仅有四至五，性状较好便运输。
十有七八硅钙镁，有利抗病防倒伏。

⑦草木灰

草木灰含碳酸钾，黏质土壤吸附大。
易溶于水肥效高，不要混合人粪尿。
由于性质呈现碱，也莫掺和铵态氮。
含钾虽说仅有五，还含磷钙镁硫素。

2. 常见微量元素肥料特性及施用技术要点歌

微量元素硼和锰，还有锌钼铁氯铜。
这些元素虽说少，所起作用可不小。
一能促进氮代谢，使其合成高蛋白。
二使作物能固氮，还能参与磷代谢。
微量元素性不同，施用各有各的用。
要想使其显奇功，请看下面的特性。

（1） 硼肥特性歌

常用硼肥有硼酸，硼砂已经用多年。
硼酸弱酸带光泽，三斜晶体粉末白。
有效成分近十八，热水能够溶解它。
四硼酸钠称硼砂，干燥空气易风化。
含硼十一性偏碱，适应各类酸性田。
作物缺硼植株小，叶片厚皱色绿暗。
棉花缺硼蕾不花，多数作物花不全。
增施硼肥能增产，关键还需巧诊断。
麦棉烟麻苜蓿薯，甜菜油菜及果树。
这些作物都需硼，用作喷洒浸拌种。

浸种浓度掌握稀，万分之一就可以。
叶面喷洒作追肥，浓度万分三至七。
硼肥拌种经常用，千克种子一克肥。
用于基肥农肥混，每亩莫过一千克。

（2）钼肥特性歌

常用钼肥钼酸铵，五十四钼六个氮。
粒状结晶易溶水，也溶强碱及强酸。
太阳暴晒易风化，失去晶水以及氨。
作物缺钼叶失绿，首先表现叶脉间。
豆科作物叶变黄，番茄叶边向上卷。
柑橘失绿黄斑状，小麦成熟要迟延。
最适豆科十字科，小麦玉米也喜欢。
不适葱韭等蔬菜，用作基肥混普钙。
每亩仅用五十克，严防施用超剂量。
经常用于浸拌种，根外喷洒最适应。
浸种浓度千分一，根外追肥也适宜。
拌种千克需四克，对水因种各有异。
还有钼肥钼酸钠，含钼有达三十八。
白色晶体易溶水，酸地施用加石灰。

（3）锰肥特性歌

常用锰肥硫酸锰，结晶白色或淡红。
含锰二六至二八，易溶于水易风化。
作物缺锰叶肉黄，出现病斑烧焦状。
严重全叶都失绿，叶脉仍绿特性强。
对照病态巧诊断，科学施用是关键。
一般亩施三千克，生理酸性农肥混。
拌种千克用八克，二十克重用甜菜。

浸种叶喷浓度同，千分之一就可用。
另有氯锰含十七，碳酸锰含三十一。
氯化锰含六十八，基肥常用锰废渣。
对锰敏感作物多，甜菜麦类及豆科。
玉米谷子马铃薯，葡萄花生桃苹果。

（4）锌肥特性歌

常用锌肥硫酸锌，按照剂型有区分。
一种七水化合物，白色颗粒或白粉。
含锌稳定二十三，易溶于水为弱酸。
二种含锌三十六，菱状结晶性有毒。
最适土壤石灰性，还有酸性砂质土。
适应玉米和甜菜，稻麻棉豆和果树。
是否缺锌要诊断，酌情增锌能增产。
玉米对锌最敏感，缺锌叶白穗秃尖。
小麦缺锌叶缘白，主脉两侧条状斑。
果树缺锌幼叶小，缺绿斑点连成片。
水稻缺锌草丛状，植株矮小生长慢。
亩施莫超两千克，混合农肥生理酸。
遇磷生成磷酸锌，不易溶水肥效减。
玉米常用根外喷，浓度一定要定真。
若喷百分零点五，外添一半熟石灰。
这个浓度经常用，还可用来喷果树。
其他作物千分三，连喷三次效果显。
拌种千克掺四克，浸种一克就可以。
另有锌肥氯化锌，白色粉末锌氯粉。
含锌较高四十八，制造电池常用它。
还有锌肥氧化锌，又叫锌白锌氧粉。

含锌高达七十八，不溶于水和乙醇。
百分之一悬浊液，可用秧苗来蘸根。
能溶醋酸碳酸铵，制造橡胶可充填。
医药可用作软膏，油漆可用作颜料。
最好锌肥螯合态，易溶于水肥效高。

（5）铁肥特性歌

常用铁肥有黑矾，又名亚铁色绿蓝。
含铁十九硫十二，易溶于水性为酸。
南方稻田多缺硫，施用一季壮一年。
北方土壤多缺铁，直接施地肥效减。
应混农肥人粪尿，用于果树大增产。
施用黑矾五千克，二百千克农肥掺。
集中施于树根下，增产效果更可观。
为免土壤来固定，最好根外追肥用。
亩需黑矾二百克，对水一百千克整。
时间掌握出叶芽，连喷三次效果显。
也可树干钻小孔，株塞两克入孔中。
还可针注果树干，浓度百分零点三。
作物缺铁叶失绿，增施黑矾肥效快。
最适作物有玉米，高粱花生大豆蔬。

（6）铜肥特性歌

目前铜肥有多种，溶水只有硫酸铜。
五水含铜二十五，蓝色结晶有毒性。
应用铜肥有技术，科学诊断看苗情。
作物缺铜叶尖白，叶缘多呈黄灰色。
果树缺铜顶叶簇，上部顶梢多死枯。
认准缺铜才能用，多用基肥浸拌种。

基肥亩施一千克，可掺十倍细土混。
重施石灰砂壤土，土壤肥沃富钾磷。
麦麻玉米及莴苣，洋葱菠菜果树敏。
浸种用水十千克，兑肥零点两克准。
外加五克氢氧钙，以免作物受毒害。
根外喷洒浓度大，氢氧化钙加百克。
掺拌种子一千克，仅需铜肥一克整。
硫酸铜加氧化钙，波尔多液防病害。
常用浓度百分一，掌握等量五百克。
铜肥减半用苹果，小麦柿树和白菜。
石灰减半用葡萄，番茄瓜类及辣椒。
由于铜肥有毒性，浓度宁稀不要浓。

3. 作物缺肥诊断歌

缺肥判断并不难，撮把土来送检验。
若是肉眼来观察，根茎叶花细细看。
缺氮抑制苗生长，老叶先黄新叶薄。
根小茎细多木质，花迟果落不正常。
缺磷株小分蘖少，新叶暗绿老叶紫。
主根软弱侧根稀，花少果迟种粒小。
缺钾株矮生长慢，老叶尖缘卷枯焦。
根系易烂茎纤细，种果畸形不饱满。

附录二　化学肥料品种汇总

肥料名称	化学分子式	传统分类	主要养分含量（%）	其他养分及含量（%）	吸湿性	水溶性	酸溶性	易燃性	酸碱性	产酸性
尿素	$CO(NH_2)_2$	氮肥	N 46		差	高		差	中性	产酸
碳酸氢铵	NH_4HCO_3	氮肥	N 17		高	高		差	中性	产酸
硝酸铵	NH_4NO_3	氮肥	N 35		高	高		强	酸性	产酸
硫酸铵	$(NH_4)_2SO_4$	氮肥	N 21	S 24	高	高		差	酸性	产酸
氯化铵	NH_4Cl	氮肥	N 25	Cl 66	高	高		差	酸性	产酸
过磷酸钙	混合物	磷肥	P_2O_5 14	S 12，CaO 27	中等	差	中等	差	酸性	
磷酸二铵	$(NH_4)_2HPO_4$	磷肥	P_2O_5 46	N 18	差	高		差	微酸性	产酸
磷酸一铵	$NH_4H_2PO_4$	磷肥	P_2O_5 48	N 11	差	高		差	微酸性	产酸
钙镁磷肥	混合物	磷肥	P_2O_5 18	CaO25，MgO 14	差	差	中等	差	微碱性	
重过磷酸钙	混合物	磷肥	P_2O_5 46	S 1，CaO 12	差	中等		差	微酸性	
硝酸磷肥	混合物	复合肥	N 27	P_2O_5 13，CaO 20	中等	高		差	酸性	

（续）

肥料名称	化学分子式	传统分类	主要养分含量（%）	其他养分及含量（%）	吸湿性	水溶性	酸溶性	易燃性	酸碱性	产酸性
磷酸二氢钾	KH_2PO_4	钾肥	P_2O_5nbsp; 52	K_2O 34	差	高		差	中性	
氯化钾	KCl	钾肥	K_2O 60	Cl 47	差	高		差	中性	
硫酸钾	K_2SO_4	钾肥	K_2O 50	S 18	差	高		差	中性	
硝酸钾	KNO_3	钾肥	K_2O 45	N 13	差	高		差	中性	
硝酸钙	$Ca(NO_3)_2 \cdot H_2O$	氮肥	Ca 20	N 15	高	高		差	微酸性	
硝酸镁	$Mg(NO_3)_2$	氮肥	Mg 16	N 18	差	高		差	微酸性	
硫酸镁	$MgSO_4$	镁肥	Mg 20	S 26	差	高		差	中性	
硫黄	S	硫肥	S 100		差	差			中性	产酸
石膏	$CaSO_4$	石灰材料	CaO 29	S 18	差	差			中性	
方解石	$CaCO_3$	石灰材料	CaO 40		差	差	高		微碱性	
生石灰	CaO	石灰材料	CaO 70		差	差	高		碱性	

（续）

肥料名称	化学分子式	传统分类	主要养分含量（%）	其他养分及含量（%）	吸湿性	水溶性	酸溶性	易燃性	酸碱性	产酸性
熟石灰	$Ca(OH)_2$	石灰材料	CaO 54		差	差	高		碱性	
硫酸亚铁	$FeSO_4 \cdot 5H_2O$	微肥	Fe 23	S 13	中等	高			微酸性	
硫酸亚铁	$FeSO_4 \cdot 7H_2O$	微肥	Fe 20	S 11	中等	高			微酸性	
硫酸锌	$ZnSO_4 \cdot 7H_2O$	微肥	Zn 20	S 10	高	高			微酸性	
硫酸锌	$ZnSO_4 \cdot H_2O$	微肥	Zn 35	S 16	差	高			微酸性	
硫酸锰	$MnSO_4 \cdot H_2O$	微肥	Mn 32	S 18	差	高			微酸性	
硫酸锰	$MnSO_4 \cdot 3H_2O$	微肥	Mn 26	S 15	差				微酸性	
硫酸铜	$CuSO_4 \cdot 5H_2O$	微肥	Cu 25	S 12	中等	高			微酸性	
硼砂	$Na_2B_4O_7 \cdot 10H_2O$	微肥	B 10		差	高			微碱性	
硼酸	H_3BO_3	微肥	B 16		差	高			微酸性	
钼酸铵	$(NH_4)_6Mo_7O_{24} \cdot 4H_2O$	微肥	Mo 54	N 6	差	高			中性	
钼酸钠	$Na_6Mo_7O_{24}$	微肥	Mo 56	Na 11	差	高			微碱性	

附录三 养分拮抗和协同表

硝态氮														
铵态氮														
磷		协同												
钾	协同	拮抗	拮抗											
钙	协同	拮抗		拮抗										
镁	协同	拮抗	协同	拮抗	拮抗									
硫														
铁			拮抗	协同	拮抗	拮抗								
锌			拮抗		拮抗			拮抗						
锰				协同	拮抗		协同	拮抗						
铜	协同		拮抗		拮抗		协同	拮抗	拮抗	拮抗				
硼			协同	拮抗	拮抗					协同				
钼			协同		协同		拮抗	协同		拮抗	拮抗			
氯	拮抗	协同												
	硝态氮	铵态氮	磷	钾	钙	镁	硫	铁	锌	锰	铜	硼	钼	氯

附录四 真假肥料快速简易识别方法

真假肥料简易识别可概况为“看”、“摸”、“闻”、“溶”、“烧”5种方法。

首先用眼“看”。一看包装，正规厂家生产的肥料包装袋上应注明登记许可证、执行标准、生产许可证、产品名称、养分含量、商标、净重、厂名、厂址等标志；如果上述标志没有或不完整，可能是假化肥或劣质化肥；二看粒度，不同的肥料具有不同的粒度或结晶状态，氮肥（除石灰氮外）和钾肥多为结晶体，磷肥多为块状或粉末状的非晶体，复合肥粒度、比重较均一，表面光滑、不易吸湿、不结块。而假劣肥料恰恰相反，肥料颗粒大小不均、粗糙、湿度大、易结块；三看颜色，不同肥料具有不同的颜色，氮肥（除石灰氮外）几乎全为白色，磷肥多为暗灰色，钾肥多为白色（如磷酸二氢钾），部分略带红色。

然后用手“摸”。将肥料放在手心，用力握住或挤压，根据手感来判断真假。再用鼻子“闻”气味来判断，进一步识别可用水中“溶”解法加以区别，最后可通过加热或燃“烧”后火焰颜色、熔融情况、烟味、残留物等识别肥料。

下面以5种方法为例，对常见氮、磷、钾三类7种肥料真假简易识别方法进行介绍：

1. 尿素

①看：真尿素一般是粒径为2～3毫米的均匀白色半透明颗粒，也有一些呈淡黄色。劣质尿素一般颗粒不均匀，半粒多，颜色发白，但透明度不好。

②闻：真尿素有淡淡的氨味。

③溶：真尿素能迅速溶解于水中；溶解时由于尿素吸收热量而使水温降低，手摸有冰凉感；20℃时1千克水能溶解1千克尿素，溶解后无杂质。劣质尿素或假尿素溶解情况均不同于真尿素。或取少量尿素放入瓷碗中，加入水和石灰（石灰可用食用碱面或洗衣粉代替）后搅拌或研磨，真尿素没有氨味冒出，用其他氮肥冒充的假尿素有氨味冒出。

④烧：在火上烧红一铁片，取少量尿素放在铁片上，真尿素能快速熔化，冒出白烟，能够闻到氨臭味；同时取一玻

璃片放置于白烟之上，真尿素玻璃片上可出现一层白色结晶物。

2. 碳酸氢铵

①看：碳酸氢铵一般是白色细粒状结晶，个别加工成大粒状。

②闻：碳酸氢铵接触空气容易分解成氨气、二氧化碳气和水，所以有刺鼻氨臭味。

③溶：碳酸氢铵极易溶解于水，溶解后无杂质。

④烧：在火炉上烧红一铁片，取少量碳酸氢铵放在铁片上，碳酸氢铵能快速分解，冒出白烟，能够闻到强烈氨臭味；同时取一玻璃片放置于白烟之上，玻璃片上不会出现白色结晶物。

3. 过磷酸钙

①看：过磷酸钙多为灰白色或深灰色粉状肥料，少数成块状或加工成颗粒状。将少量过磷酸钙放入手掌，面对阳光，没有闪闪发光的金属光泽。

②闻：过磷酸钙开袋后有浓重酸味。

③溶：将过磷酸钙放入水中，搅拌或摇动后，过磷酸钙量减少，部分溶于水但不全溶。

④烧：真磷肥由于是磷矿发酵而成，不易燃烧；以粉煤灰或骨粉冒充的磷肥，放在铁片上或火炉中可燃烧，并迅速变黑，发出焦臭味。

4. 氯化钾

①看：氯化钾为粉状结晶体或不规则大颗粒，粉状颜色一般为白色（也有部分红色或红白杂色），大颗粒状一般为红色；真氯化钾包装说明为氧化钾（K_2O）含量50%以上，而劣质氯化钾有的为氯化钾（KCl）含量50%以上，蒙混

农民。

②溶：氯化钾易溶解于水，溶解后溶液颜色为无色（要和白色区分开来），个别有极少量残渣；假氯化钾外观与真氯化钾难以辨别，但溶解后呈白色浑浊溶液，杂质多；假的红色氯化钾溶解后溶液呈红色，是造假时另外着色所致。

③烧：将氯化钾放在烧红的木棒或铁片上，真氯化钾不燃烧、不熔解，并伴随有“噼啪”爆裂声。

5. 硫酸钾

①看：硫酸钾一般为白色结晶体，含有少量杂质时呈淡黄色或灰白色；

②溶：硫酸钾易溶解于水，溶解后溶液颜色为无色（要和白色区分开来）；真农用硫酸钾一般含有极少量残渣，溶解不很彻底；而用氯化钾加入填充料冒充硫酸钾的假冒硫酸钾水溶液一般不呈无色，颜色发白或发浑。

③烧：将硫酸钾放在烧红的木棒或铁片上，真硫酸钾不燃烧、不熔解，并伴随有“噼啪”爆裂声。

6. 磷酸二铵

①看：一看颜色，二铵一般为褐色；二看油渗，外观油性明显，有的包装袋外有明显油渗痕迹者值得怀疑。

②摸：一摸硬度，真二铵用手捏很硬，不易破碎，假的易被碾碎；二摸油湿，真二铵用手抓一把肥料用力捏几次，有“油湿”感但不渍手，假二铵油得渍手，这种方法是判别美国二铵较为有效的方法。

③闻：如果开袋后有浓重的油味，此磷酸二铵质量不可靠。

④溶：真二铵可完全溶解，且溶液摇匀后静置状态下长时间保持悬浊状态，而假二铵溶液摇匀后静置状态下很快出

现分离、沉淀、液体透明；或取少量二铵和少量小颗粒尿素混合，短时间内尿素溶化的为假二铵。

⑤烧：因二铵中含有氮素，加热后冒泡，并有氨味溢出；灼烧后不留痕迹，较少有渣子；假的烧烤后渣子较多。同时真二铵中磷含量高易被点燃，而假二铵不易被点燃。

7. 掺混型复混肥料　可将尿素、磷肥、钾肥、磷酸二铵区分开后，用前面介绍的单质肥料的辨别方法进行识别。

掌握以上方法，可大体分辨出肥料真假，对于用以上方法仍不能确定的肥料，最好到当地农业或质监部门化验或咨询。同时，在肥料真假简易识别过程中，严禁用舌头舔、用嘴尝的不科学方法，以免身心健康。

为了放心用肥，建议农民朋友应尽量到信誉可靠的正规部门购买肥料，购买时一定索要购肥发票，使用时注意保留包装及部分肥料样品，一旦发生纠纷便于追溯。

附录五　复混肥的分类状况及其特点

农业现代化对化学肥料提出了更高的要求，其发展趋势就是高浓度化、复合化和专用化。目前世界各国都在大力发展复混肥料，复混肥料在化肥的生产和消费中占有的比例越来越大，一些发达国家甚至可达到70%～80%。而我国的复混肥发展起步较晚，目前也只有20%左右，因此发展复混肥料是我国加快农业现代化的迫切需要。所谓的复混肥料就是指氮、磷、钾3种养分中，至少有两种标明量的养分由化学方法和（或）掺混方法制成的肥料。其中含有两种养分叫两元复混肥，含有3种养分叫三元复混肥。近年来在普通复混肥中加入了一些微量元素，被称为多元复混肥。另外，有的也在传统的复混肥中加入了农药或生长素，被称为多功能复混肥料。在我国复混肥料是复合肥料和混合肥料的统称，常用的种类分别被称为化成复合肥、混成复合肥、掺和肥、有机无机复混肥。下面详细叙述这几种复混肥的定义、优缺点及生产和施用中应注意的问题。

1. 化成复合肥 化成复合肥是指通过化合（化学）作用或氨化造粒过程制成的，存在明显的化学反应而合成的复合肥，常见的种类主要包括磷酸二铵、磷酸一铵、硝酸磷肥、硝酸钾和磷酸二氢钾等。这类复合肥含有两种或两种以上作物需要的元素，养分含量高，能比较均衡和长时间地供应作物需要的养分，提高施肥增产效果；其次这类化成复合肥多为颗粒状，一般吸湿小，不结块，物理性状好，可以改善某些单质肥料的不良性状，也便于储存，特别是利于机械化施肥；最后这类肥料既可以做种肥，又可以做基肥和追肥，适用的范围比较广。

但是化成复合肥也存在一些缺点，比如氮磷钾养分比例相对固定，不能适用于各种土壤和各种作物对养分的需求，所以在复合肥料施用的过程中一般要配合单质肥料的施用，才能满足各类作物在不同生育阶段对养分种类、数量的要求，达到作物高产对养分的平衡需求。由于化成复合肥是不同的单质和复合肥经过化学作用合成的，这样在肥料施用过程中难以满足作物对不同养分施肥技术的要求，不能发挥本身所含各养分的最佳施用效果。

2. 混成复合肥 混成复合肥主要指通过二次加工生产的复合肥料，包括普通混成复合肥料和专用肥。普通复合肥料是一般通用性的肥料，其施用特点和化成复合肥比较相似；专用肥是把肥料和施肥的科学知识及其技术一并物化在产品中直接应用到农户的一类肥料。

目前，专用肥已走出氮、磷、钾按固定比例生产的模式，而是根据土壤和农作物需要调整比例，有的还添加了中、微量元素和有机质。另外可控释放专用肥也有少量生产。专用肥生产现已发展形成五大系列、100多个品种、几百种配方，主要是各种作物的专用肥，如粮食专用肥、蔬菜专用肥、果树专用肥、经济作物专用肥、花卉和草坪专用肥等，较大程度地满足了农业发展的需要，农作物的产量及质量有了明显的改善和提高，也为化肥企业提供了新的发展空间。

专用肥是复混肥发展的必然结果，目前国内市场复混肥存在的问题仍是配方相对单一，只能满足单一作物的需求；另外生产成本较高，限制了专用肥的生产和发展，因此市场开拓的重点将是肥料类型和品种优化、品牌之间的替代。专用肥的开发是以复合肥为基础的，了解复合肥的性质和施用特点基础之上开发专用肥才能充分发挥专用肥的优点，适应各种作物的需肥规律和特征。另外各种专用肥是与农化服务、施肥的科学知识及其技术密切结合的一类肥料，每一种专用肥的配方，包括养分的含量、种类、配合比例和形态的选定，都以特定作物的营养需求为依据，参考用肥地区的土壤、肥源、气候、耕作制度等，通过生物试验验证和评价后确定，肥料的针对性才强，肥效也就比较高。

3. 掺和肥　掺和肥即BB（Bulk Blended Fertilizer）肥，是由两种或两种以上粒径相近的含氮、磷、钾等元素的干燥粒状肥料，根据作物养分需求规律、土壤养分供应特点和平衡施肥原理，经过机械均匀掺混而成的复混肥料，是科学平衡施肥的理想载体。

BB肥可根据作物养分需求和不同土壤的养分供应特点等，设计可灵活调整的配方，符合化肥专用化的发展趋势；BB肥养分浓度可高达57%，符合化肥高浓度化的发展趋势；BB肥可添加中、微量元素、农药、除草剂等，符合化肥多功能化的发展趋势；BB肥生产成本和使用成本低，生产过程中无化学反应，可满足化肥发展节能环保的需求；BB肥因含测土配方施肥技术易开展农化服务，可满足化肥发展农化服务水平提升的要求；此外，BB肥还有省时省工、真假易辨等优点。因此，BB肥是科学平衡施肥的理想载体，获得了快速的发展，成为化肥行业公认的新的经济增长点。

尽管BB肥有经济性和灵活性的优点，但BB肥其农化性状与所用基础肥料的性状相对应，肥料性质受到限制，因此在有些地区效果并不一定很好，农业推广也会受到限制；BB肥另一个最大缺点是易发生分离，分离会导致肥料的化学性质不均一，从而影响肥效。BB肥这种分离发生在生产中，包括装载和卸载的流动过程中，另用离心式撒播设备施用不同的BB肥，分离也很容易发生在设备的翼上和撒播的过程中，因此要求生产BB肥原料肥的密度和比重接近，才不会发生运输和使用时的成分分离偏析。目前，国内关于BB肥的生产施用技术研究大多不够深入，尤其缺少对在我国农业机械水平低和农户生产规模小的特殊情况下如何避免或者减轻BB肥颗粒分离带来的施肥不均匀的研究，因此今后国内关于BB肥生产施用技术的研究重点在于BB肥养分分离对作物肥效的影响，BB肥辅料生产技术，BB肥样品检测的方法改进等等。例如1986—1990年期间由中国农业科学院土壤肥料研究所主持的“掺和肥料”攻关协作组研究表明，在BB肥装卸、运输及施用过程中把养分分布不均控制在一定的范围内，这样就不会影响 BB 肥肥效的发挥。

4. 有机无机复混肥 有机无机复混肥包括腐殖酸类复混肥和废弃物类复混肥。腐殖酸类复混肥即在生产过程中掺入大量腐殖酸类物料后产出的复混肥。它既具无机肥的有关特性，也具腐殖酸类物质生物活性的特点。废弃物类复混肥包括鸡粪、猪粪等各种废弃物类肥料。

有机无机复混肥既有无机养分，又有有机养分，养分比较齐全，所以可以借助目前绿色生产、无公害生产等形式，吸引人们的注意，增加产品的销量。在开发绿色环保肥料中，以腐殖酸、禽畜粪便及无机肥料为原料的含腐殖酸的有机无机复合肥有广泛前途。

目前国内市场上生产有机无机复混肥料的成本高，有的有机成分效果没有自己标榜的高，而且体积比较大，运输成本较高，因此难以建立起比较大的品牌。另外，这类肥料不是速效，不能全溶，容易制假。因此今后开发有机无机复混肥，重点应利用养殖场的粪便，生产有机无机复合肥，用于绿色食品生产基地或高产值的经济作物。如果能把这个问题解决好，对于治理环境将有重大意义。开发有机肥或有机无机复合肥，在环保上的意义要大于资源利用价值，国家应在政策上给予适当的优惠。

主要参考文献

高祥照，杜森，马常宝．2005. 测土配方施肥技术［M］．北京：中国农业出版社．

官春云．2008. 优质油菜高效栽培关键技术［M］．北京：中国三峡出版社．

景军胜等．2004. 陕西油菜生产现状分析．西北农林科技大学学报，32（4）．

鲁剑巍，李荣，等．2010. 油菜常见缺素症状图谱及矫正技术［M］．北京：中国农业出版社．

马国瑞，石伟勇．2000. 农作物营养失调症原色图谱［M］．北京：中国农业出版社．

蒲金涌等．2006. 气候变暖对甘肃冬油菜（*Brassica compestris* L.）种植的影响［J］．作物学报，32（9）．

王艳军，等．2004. 青海省油菜生产中存在的主要问题与对策［J］．青海农林科技（04）．

杨祁峰，等．2005. “双低”油菜栽培技术［M］．兰州：甘肃科学技术出版社．

叶德荣等．2008. 2007—2008 年绩溪县上庄镇油菜测土配方大田对比试验初报．安徽农学通报［J］，14（18）．

张惠玲，等．2004. 甘肃省油菜生态气候适应性分析与适生种植区划［J］．中国农业气象，25（4）．

油菜缺氮

油菜缺磷

油菜缺钾

油菜缺钙

油菜缺镁

油菜缺硫

油菜缺锰

油菜缺硼

油菜缺铁

油菜缺锌

油菜缺钼